21 世纪全国高职高专计算机案例型规划教材

Flash CS5 动画设计案例教程
(第 2 版)

主　编　于永忱　伍福军

副主编　张巧玲　李　晔

　　　　张珈瑞　卢永平

主　审　张喜生

北京大学出版社

PEKING UNIVERSITY PRESS

内 容 简 介

本书是根据编者多年的教学经验和学生的实际情况(学生对实际操作较感兴趣)编写的，精心挑选了 53 个案例进行详细讲解，再通过与这些案例配套的练习来巩固所学内容。本书采用实际与理论相结合的方法编写，学生可以在制作过程中学习理论，反过来理论又为实际操作奠定基础，使学生每做完一个案例就会有一种成就感，这样可大大提高学生的学习兴趣。

本书内容分为 Flash CS5 基础知识、Flash CS5 图形绘制、Flash CS5 文字特效、Flash CS5 动画制作、Flash CS5 按钮制作、Flash CS5 综合制作 6 大部分。编者将 Flash CS5 的基本功能和新功能融入实例的讲解过程中，使读者可以边学边练，既能掌握软件功能，又能快速进入案例操作过程中。

本书内容实用，可作为高职高专院校及中等职业院校计算机专业的教材，也可以作为网页动画设计者与爱好者的参考用书。

图书在版编目(CIP)数据

Flash CS5 动画设计案例教程/于永忱，伍福军主编. —2 版. —北京：北京大学出版社，2011.6
(21 世纪全国高职高专计算机案例型规划教材)
ISBN 978-7-301-19033-3

Ⅰ. ①F… Ⅱ. ①于…②伍… Ⅲ. ①动画制作软件，Flash CS5—高等职业教育—教材
Ⅳ. ①TP391.41

中国版本图书馆 CIP 数据核字(2011)第 115629 号

书　　　　名：	Flash CS5 动画设计案例教程(第 2 版)
著作责任者：	于永忱　伍福军　主编
责 任 编 辑：	郭穗娟
标 准 书 号：	ISBN 978-7-301-19033-3/TP · 1173
出 版 者：	北京大学出版社
地　　　　址：	北京市海淀区成府路 205 号　100871
网　　　　址：	http://www.pup.cn　http://www.pup6.com
电　　　　话：	邮购部 62752015　发行部 62750672　编辑部 62750667　出版部 62754962
电 子 邮 箱：	pup_6@163.com
印 刷 者：	北京富生印刷厂
发 行 者：	北京大学出版社
经 销 者：	新华书店

787mm×1092mm　16 开本　16 印张　369 千字
2008 年 8 月第 1 版　2011 年 6 月第 2 版　2011 年 6 月第 1 次印刷

定　　　　价：32.00 元

第 2 版前言

本书是根据编者多年的教学经验和对高职高专、中等职业学校及技工学校学生实际情况(强调学生的动手能力)的了解编写的，精心挑选了 53 个案例进行详细讲解，再通过这些案例的配套练习来巩固所学内容。本书采用实际操作与理论分析相结合的方法，让学生在案例制作过程中学习、体会理论知识，同时扎实的理论知识又为实际操作奠定坚实的基础，使学生每做完一个案例就会有一种成就感，这样大大提高了学生的学习兴趣。

本书内容分为 Flash CS5 基础知识、Flash CS5 图形绘制、Flash CS5 文字特效、Flash CS5 动画制作、Flash CS5 按钮制作、Flash CS5 综合制作六大部分。本书第 2 版的编写体系做了精心的设计，并更换了第 1 版中的部分案例，按照"案例效果预览—案例画面效果及制作流程分析—详细制作步骤—举一反三"这一思路进行编排，力求通过案例效果预览增加学生的积极性和主动性；通过案例画面效果及制作流程分析，使学生了解整个案例的制作流程、案例用到的知识点和制作的大致步骤；通过详细制作步骤使学生掌握整个案例的制作过程和需要注意的细节；通过举一反三使学生对所学知识进一步得到巩固和加强。编者将 Flash CS5 的基本功能和新功能融入实例的讲解过程中，使读者可以边学边练，既能掌握软件功能，又能快速进入案例操作过程中。本书内容丰富，可以作为网页动画设计者与爱好者及学生的工具书，通过本书可随时翻阅、查找需要的效果的制作。本书的每一章都有学时供老师教学和学生自学时参考，同时配有每一章的案例效果文件和素材，可通过网上下载使用(http://pup6.com/ebook.htm)。

参与本书编写工作的有张喜生、于永忱、伍福军、张巧玲、李晔、张珈瑞、卢永平。

本案例教程内容不仅适用于高职高专及中等职业院校学生，也适于作为短期培训，对于初学者和自学者尤为适合。

由于编者水平有限，定然存在疏漏，敬请广大读者批评指正！联系电子邮箱763787922@qq.com。

编　者

2011.3.1

目　录

第1章 Flash CS5 基础知识

知识点：

1. Flash CS5 的启动及其工作界面介绍
2. 绘图工具的名称及作用
3. 时间轴及功能面板介绍
4. 动画及动画的基本类型
5. 场景与舞台及工作页面、【库】面板的介绍
6. Flash CS5 常用术语
7. 语句、事件及交互的概念
8. 动作脚本基本语法规则
9. Flash CS5 的系统配置
10. Flash CS5 基本操作

说明：

本章主要介绍 Flash CS5 的基础知识、工作界面、绘图工具、相关概念和俗语，旨在帮助学生对 Flash CS5 有一个初步了解，具体知识将在后面各章中详细介绍。

教学建议课时数：

一般情况下需 4 课时，其中理论 3 课时、实际操作 1 课时(根据特殊情况可做相应调整)。

1.1　Flash CS5 的启动和基本工具

1.1.1　Flash CS5 的启动

双击桌面上的 ▓ 图标，弹出如图 1.1 所示的界面，单击 ▓ ActionScript 3.0 选项，进入 Flash CS5 的操作界面，如图 1.2 所示。

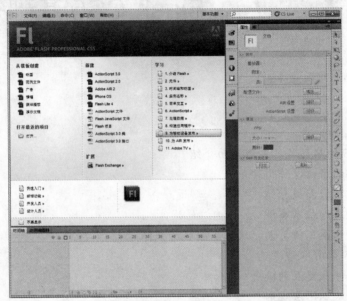

图 1.1

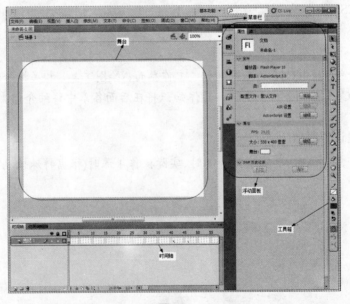

图 1.2

1.1.2　绘图工具名称及其作用

选择工具：选择和移动舞台中的对象，或改变对象的大小、形状。

部分选取工具：从所选对象中再选择部分内容，可用于调整曲线的形状。

任意变形工具：使用该工具可以对图形进行缩放、扭曲或旋转变形。

填充变形工具：该工具通过调整填充的大小、方向或中心，可以使渐变填充或位图填充变形。

3D 旋转工具：用于在 3D 空间中旋转影片剪辑实例。在使用该工具选择影片剪辑后，3D 旋转控件出现在选定对象之上。X 轴为红色，Y 轴为绿色，Z 轴为蓝色。使用橙色的自由旋转控件可同时绕 X 轴和 Y 轴旋转。

3D 平移工具：用于在 3D 空间中移动影片剪辑实例。在使用该工具选择影片剪辑后，影片剪辑的 X、Y 和 Z 三个轴将显示在舞台上对象的顶部。X 轴为红色，Y 轴为绿色，而 Z 轴为黑色。应用此工具可以将影片剪辑分别沿着 X、Y 或 Z 轴进行平移。

套索工具：用于在舞台中选择不规则区域或多个对象。

钢笔工具：用于绘制精确路径，如直线或平滑流畅的曲线，也可用来调整直线的角度、长度和曲线段的斜率。

文本工具：用于创建静态、动态或输入各种类型的文本对象。

线条工具：用于绘制各种长度和角度的直线段。

椭圆工具：用于绘制椭圆图形(椭圆线条和椭圆填充图形)。

矩形工具：该工具包含两个子工具，可以用来绘制矩形或多边形(矩形线条和填充图形)。

铅笔工具：使用该工具可以通过与使用真实铅笔大致相同的方式来绘制任意形状的线条。

刷子工具：用于绘制出刷子般的笔触，就好像在涂色一样。它可以创建特殊效果，如书法效果等。

Deco 工具：对舞台中选定的对象应用效果。选定 Deco 工具后，可以从【属性】面板中选择要应用的效果样式。

骨骼工具：对影片剪辑、图形和按钮实例添加 Ik 骨骼。

绑定工具：用于编辑单个骨骼和形状控制点之间的连接。

墨水瓶工具：使用该工具可以更改线条或者形状轮廓的笔触颜色、宽度和样式。

颜料桶工具：使用该工具可以用颜料填充封闭的区域，对于未完全封闭的区域，也可以通过适当设置进行填充。

滴管工具：使用该工具，可以从一个对象复制填充和笔触属性，然后立即将它们应用到其他对象上。使用该工具还可以从位图图像中取样用做填充。

橡皮擦工具：使用该工具可以快速擦除舞台中的任何内容，包括个别笔触段和填充区域。

手形工具：当放大舞台时，可能无法看到整个舞台，利用手形工具可以移动舞台，从而不必更改缩放比率即可查看视图。

缩放工具：该工具用来改变舞台显示比率，缩放比率取决于显示器的分辨率和文档大小，相当于我们生活中的放大镜和显微镜的功能。舞台缩放的最小比率为 8%，最大比率为 2 000%。

笔触颜色：用于更改当前笔触(线条)的颜色。

填充颜色：用于改变当前填充图形的颜色。

黑白工具：单击该工具，系统恢复默认的颜色。

交换颜色工具：单击该工具，将笔触颜色和填充颜色进行交换。

选项区：此选项区根据当前选择的工具不同有所变化，主要用来设置当前选择工具的属性。

1.2 时间轴、功能面板与动画工具

1.2.1 时间轴

时间轴用于组织和控制文档内容在一定时间内播放的层数和帧数(就好比导演的剧本)，决定了各个场景的切换以及演员的出场、表演的时间顺序。

在传统动画制作中，经常将动画内容分解到若干张透明胶片上，然后叠在一起实现动画效果。比如，动物在某个场景中运动，由于背景和前景没有变化，这时可以将动物的运动单独绘制在透明胶片上，然后叠加到场景中，这样就避免了每一帧都必须绘制背景和前景的麻烦。在 Flash CS5 中，为用户提供了多层叠加技术来解决类似问题，图层可以看成透明胶片叠加在一起，并由此形成遮挡关系。上面图层的内容会遮挡下面图层的内容，只有通过其空白区域才能看到下面的图层内容。时间轴图层如图 1.3 所示。

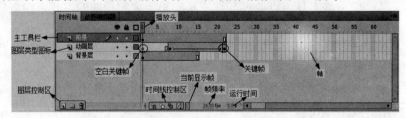

图 1.3

1.2.2 功能面板

功能面板可用于查看、组织和更改文档中的元素。面板中的可用选项控制着元件、实例、颜色、类型、帧和其他元素的特征。通过显示特定任务所需的面板并隐藏其他面板，用户可以自定义 Flash CS5 界面，以便于使用。

Flash CS5 常用的控制面板有【属性】、【库】、【动作】等几种。

对于一些不用在【属性】面板中表示的功能面板，Flash CS5 将它们组合到一起并置于操作界面的右侧。用户可以同时打开多个面板，也可以将暂时用不到的面板关闭。通过拖动面板标题栏左侧的 标志，可以将功能面板从组合中拖出来，也可以利用它将独立的功能面板添加到面板组合中。面板示意图如图 1.4 所示。

图 1.4

1.2.3　动画

动画是一门在某种介质上记录一系列单个画面，并通过一定的速率回放所记录的画面而产生运动视觉的技术。它的基本原理与电影、电视一样，都是视觉暂留原理。科学证明，人类具有视觉暂留的特性，就是说人的眼睛看到一幅画或一个物体后，在 1/24 秒内不会消失。利用这一原理，在一幅画还没有消失之前播放下一幅画，就会产生一种流畅的视觉变化效果。

动画制作过程，就是决定这一系列画面显示什么内容的过程。

在用计算机制作动画时，构成动画的一系列画面叫帧。帧是动画最小时间单位里出现的画面。Flash 动画是以时间轴为基础的帧动画，每一个 Flash 动画作品都以时间为顺序，由先后排列的一系列帧组成。每一秒中包含的帧数，称作帧率。在 Flash CS5 中默认帧率是 12 帧/秒。

提示： 动画的制作，重点在于研究物体怎样运动，其意义远大于单帧画面的绘制。相对每一帧画面，应该更要关心上一帧画面与下一帧画面之间所产生的运动效果，这就是动画与漫画的重大区别。

1.2.4　动画的基本类型

在 Flash CS5 中，动画的基本类型主要有以下 4 种。

(1) 逐帧动画：逐帧动画就像传统动画一样，需要绘制动画的每一帧，主要用于表现一些复杂的运动，如动物的奔跑、人物的行走等。逐帧动画一般都采用逐帧循环动画方式以简化制作量。比如动物的奔跑，只要分解绘制出一个周期内的各个关键动作，然后循环使用即可。

(2) 补间动画：Flash CS5 提供了一种简单的动画制作方法，即采用关键帧处理技术的补间动画。补间动画还可以分为动作补间动画和形状补间动画。关键帧处理技术是计算机动画软件采用的重要技术，只要决定动画对象在运动过程中的关键状态，中间帧的动画效果就会由动画软件自动计算得出。描绘关键状态的帧，就称为关键帧。在确定关键帧动画时至少需要两个关键帧。

如果要表现动画对象比较复杂的运动，所需的关键帧往往比较多，这也说明逐帧动画其实是补间动画的一种特殊情况，逐帧动画的每一帧都是一个关键帧。对关键帧的处理是制作动画片的关键。

(3) 运动引导层动画：运动引导层动画实际上也是补间动画的一种特殊情况，它在动作补间动画的基础上增加了运动轨迹控制，使动画对象能够沿预先绘制的路径运动，它是制作复杂补间动画的最好方法。

(4) 遮罩层动画：遮罩层动画就是决定被遮罩层中动画对象显示情况的一种处理方法。遮罩层中有对象存在的地方，都产生一个孔，使其连接的被遮罩层相应区域中的对象显示出来。没有动画对象的地方，会产生一个罩子，遮住链接层相应区域中的对象。

1.2.5　场景

如果将 Flash CS5 动画比作话剧，一个场景就是话剧的一幕，每一幕都有丰富的内容、精彩的表演，结合起来就形成了一个完整的话剧。同样，不同的场景结合起来也就形成了完整的 Flash 动画。我们可以根据需要设置多个场景，并调整场景的顺序。

在按住 Shift 键的同时按 F2 键，可以显示如图 1.5 所示的【场景】面板，通过该面板可以对场景进行新建、删除、复制等操作。

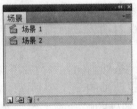

图 1.5

提示：在【场景】面板中双击场景名称，可以对其重命名；拖动场景名称可以改变场景的排列顺序。

1.2.6　舞台和工作页面

舞台是展示、播放和控制动画的地方，舞台上显示的内容是当前所选帧上的对象，可以在舞台上为当前帧创建所需要的内容。

舞台的默认颜色为白色，因此动画的背景色也就是白色。如果需要改变舞台的背景颜色，可以单击浮动面板中舞台右边的□(背景颜色)按钮，弹出如图 1.6 所示的【颜色】面板，单击所需要的颜色即可完成舞台背景颜色的设置。也可以单击浮动面板中大小：550 x 400 像素 编辑…右边的 编辑… 按钮，弹出如图 1.7 所示的【文档设置】对话框。

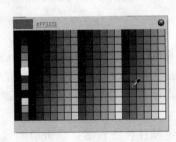

图 1.6

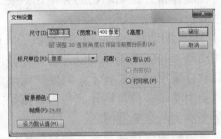

图 1.7

在【文档设置】对话框中，可以根据需要设置背景颜色、帧率、舞台大小及标题等。

1.2.7　【库】面板

　　【库】面板用于存放和组织可重复使用的 Flash 动画元件，包括在 Flash 中绘制的图形对象和导入的声音、位图及 QuickTime 动画等文件。Flash 将这些文件转换成符号(符号是在动画中可反复使用的动画元件。修改库中的符号时，在动画中使用的元件也会发生相应的改变)，如图 1.8 所示。

图 1.8

　　要调用【库】面板中的符号，可以直接用鼠标将其拖动到工作舞台中，这时就创建了该符号的一个实例。

　　在当前 Flash 文件中，可以直接调用已打开的其他 Flash 文件【库】面板中的符号。使用方法和使用以前文件的符号一样，通过直接拖动创建实例，被使用的符号将自动添加到当前文件的【库】面板中。

提示：【库】还有一种形式即【公用库】。【库】用来存储自己创建的符号，【公用库】则用来存储 Flash 软件自带的符号。

1.3　Flash CS5 常用术语与语法规则

1.3.1　Flash CS5 常用术语

　　1. 线条和填充图形

　　在 Flash CS5 的帮助信息中，经常提到一个名为"笔触"的概念，许多读者对此概念不甚明白，其实"笔触"与经常提到的"线条"是同一个意思，这是 Macromedia 公司对"线条"的官方描述。

　　(1) 线条：用线条工具、钢笔工具、铅笔工具绘制的图形以及由椭圆工具、矩形工具绘制的图形的边框线，如图 1.9 所示。线条的粗细不能通过变形来调整，只能使用【属性】面板中的【笔触高度】选项来改变其设置。也可以使用墨水瓶工具来改变线条的颜色，颜料桶工具对其不起作用。

(2) 填充图形：指用刷子工具绘制的图形，或者是由椭圆工具、矩形工具绘制的图形的填充部分，如图 1.9 所示。填充图形的颜色不能通过墨水瓶工具来改变，只能使用颜料桶工具来进行调整。

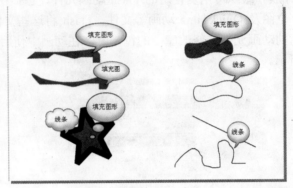

图 1.9

2. 元件与实例

在戏剧中经常可看见一个戏剧演员要出场多次，甚至在一幕戏中出场多次。在制作 Flash 动画时，也会遇到某个对象在舞台中多处出现的情况。如果把每个对象都分别制作，这样既费时间又增加了文件大小。为此，Flash 设置了【库】，将这样的对象放置其中，形成称为"元件"的对象，在需要元件对象上场时，只需用鼠标将该元件拖到舞台中即可。

提示： 元件拖到舞台后形成的对象并不是元件，通常将舞台中的这个由元件生成的对象称为"实例"，即元件的复制品。实例与元件具有不同的特性，一个场景可以放置多个由相同元件复制的实例对象，但在库中与之对应的元件只有一个。当元件的属性(大小、颜色等)改变时，由它生成的实例的属性也会发生相应的改变。

元件分为 3 类，即影片剪辑(用于制作动画)、图形(用于制作静态元素)、按钮(制作交互动画的基础)。

3. 矢量图形与位图图像

1) 矢量图形

矢量图形是指使用数学公式和函数来定义图形中对象的大小、形状、轮廓和位置等属性的图形。对于一条线段，矢量图形只记录端点的坐标位置、线条的粗细和颜色等信息，所以对线段进行放大后，其信息没有发生任何改变，线段的显示效果也没有变化，如图 1.10 所示。

→对局部放大 4 倍后→

图 1.10

矢量图形的另一个优点是文件所占的空间小，这样既方便携带和共享，又方便在带宽有限的网络上进行快速浏览。

当然矢量图形也有它自己的缺陷，即不适宜用它来制作色调丰富或色调变化丰富的图像(如风景图像)，绘制出来的图形不是很逼真，也无法像位图软件一样精确描绘自然界的景象。

制作矢量图形的常用软件有 FreeHand、Illustrator、CorelDraw 及 AutoCAD 等。

2) 位图图像

位图图像弥补了矢量图形的缺陷，用它能够制作出色彩丰富的对象，人性化地表现类似于图片等复杂图像的真实感觉。位图文件所占的空间比较大，因此处理图像的速度也慢。

位图图像的缺陷是不能随意缩放，在将图像放大数倍后，图像呈现出马赛克状，如图 1.11 所示。

 →对局部放大 4 倍后→

图 1.11

常用的位图制作软件有 FireWorks、PhotoShop、Painter 及 PhotoImpact 等。

1.3.2　动作脚本的基础知识

动作脚本(ActionScript)是 Flash 中能够面向对象进行编程的语言。它的使用不仅使动画具有交互性，而且可以为普通动画添加玄妙的动画效果(如可以将一条波浪线通过动作脚本语言变成海浪线效果)。Flash CS5 与其早期的版本不同，它提供了多种脚本语言，如 ActionScript 2.0、ActionScript 3.0、Iphone OS 和 Flash JavaScript 等，能够比以前更为标准地实现面向对象的编程。

动作脚本程序一般由语句、函数和变量组成，主要涉及的内容有变量、函数、数据类型、表达式和运算符等。

1. 变量

变量是用来保存信息的，可以用来存放包括数值、字符串、逻辑值和表达式在内的任何信息。我们可以在动画的不同部分为变量赋予不同的值，这就如同一个储藏库，虽然名称不变，但是所储藏的东西却时常在变化。

由于变量可以保存不同的数据，所以变量也同样要区分不同的类型。在 Flash CS5 中，变量主要有字符型、数值型、逻辑型、对象型和影片剪辑型 5 种。

在 Flash CS5 中，变量命名必须遵守以下规则。

(1) 变量名必须以字母或下划线开头，而且只能由字母、数字和下划线组成，中间不能包括空格。变量名不区分大小写。

(2) 变量名不能是一个关键字或逻辑常量(if 或 true)。需要注意的是，Flash CS5 的关键字都是小写形式，如果写成大写，Flash CS5 会把它视为普通字符而不作为关键字处理。例如，if 是一个关键字，而 IF 则不是关键字。

(3) 变量名在它的作用范围内必须是唯一的，而且变量名不能与系统保留的关键字相同。如 COMPUTER、book、B5、_OPKFHDFJ 都是合法的变量名；if、true、fds%d、8dd、for 都是非法变量名。

(4) 在脚本中使用变量应遵循"先定义后使用"的原则(例如，叫某个人的名字，必须先知道他的名字，才能叫出他的名字)。也就是说，在脚本中必须先定义一个变量，然后再在表达式中使用这个变量。根据变量的使用范围，可分为全局变量(在整个程序中起作用)与局部变量(适合于局部程序)。

2. 函数

函数是用来对常量、变量等进行运算的方法，如调用影片剪辑、获取对象属性等。函数是每一种编程语言的基本组成部分。Flash CS5 的函数可以分为系统函数和自定义函数。系统函数是 Flash CS5 系统提供的函数，可以直接在动画中调用；自定义函数是用户根据自己的需要定义的函数。在自定义函数中，用户定义一系列语句，对传递过来的值进行运算，最后返回运算结果。Flash CS5 提供的系统函数可分为通用类型函数、数值类函数、字符串类函数、属性类函数和全局属性函数等。

3. 数据类型

数据类型用于描述一个变量或 ActionScript 元素能够拥有的信息类型。ActionScript 中有两种数据类型：基本数据类型与引用数据类型。

(1) 基本数据类型：如字符串、数字、布尔数等。基本数据类型都有一个不变的值，可以保存它所表示的元素的实际值。

(2) 引用数据类型：如电影片段和对象。引用数据类型的值可以改变，所以它们所包含的是对元素实际的应用。

下面对 Flash CS5 中的各种数据类型进行介绍。

(1) 数值型：数值型数据是双精度浮点数，可用数学运算符处理。例如：sum=100+x。

(2) 字符型：字符型数据是一个字符(字母、数字和标点符号)序列。在动作脚本语句中输入字符串时，使用单引号或双引号括起来。例如：Name="wutboweng"。

(3) 逻辑型：逻辑型数据包括 true(真)和 false(假)。必要时，动作脚本也把 true 和 false 转换为 1 和 0。逻辑值与逻辑操作符一起，常常用在控制脚本流动的比较语句中。

(4) 对象型：对象是动画创作的基本元素，不同的对象包含有不同的属性，每个属性都有名称和值，属性值可以是任何 Flash 数据类型，甚至可以是对象数据类型，这样就可以把一个对象嵌套在另一个对象中。move 是一个对象，bird 是 move 中的一个对象，而_width 是 bird 的一个属性，如：move.bird_width。

(5) 影片剪辑型：影片剪辑是唯一一种与图像元素有关的数据类型，也可以把影片剪辑理解为一个"小型动画"。我们可以使用影片剪辑实例对象的方法和属性来控制影片剪辑的播放效果。

1.3.3　语句

动作脚本由一系列语句组成，这些动作语句能够将变量、函数、属性和方法组织成为一个有机的整体，以控制对象产生各种动画效果。

Flash CS5 提供专门的【动作】面板来组织动作脚本。【动作】面板一般与【属性】面板组合在一起，但是也可以根据需要将它拖出来，形成一个单独的界面，如图 1.12 所示。

图 1.12

脚本选择窗口目录树结构显示包括语句、函数和操作符等各种类别的动作脚本，双击动作语句可以将其添加到语句窗口。

添加脚本有 3 种方式。

(1) 通过左侧的脚本选择窗口来添加脚本。

(2) 通过弹出菜单添加脚本。

(3) 直接在语句窗口中输入语句。

1.3.4　事件与交互的概念

事件是指由软件或硬件触发的某种响应申请，要求应用程序对其进行处理。例如，鼠标单击或按下键盘之类的事件称为用户事件，它是因用户操作而发生的。

交互就是使应用程序能够对事件做出反应。例如，当用户单击舞台上的一个按钮时，可以使动画跳转到另外一帧或场景播放。

1.3.5　动作脚本的基本语法规则

与任何语言一样，动作脚本也具有一定的语法规则。只有遵循这些语法规则才能创建正确编译和运行的脚本。

(1) 点语法：在动作脚本中，点"."被用来指明与某个对象或影片剪辑相关的属性和方法，也用于标志指向影片剪辑或变量的目标路径。点语法表达由对象或影片剪辑实例名开始，接着是一个点，最后是要指定的属性、方法或变量。

例如：

```
bird._alpha;      //调用对象 bird 的_alpha 属性。
```

点语法使用两个特殊的别名：_root 和_parent。别名_root 是指主时间轴，可以使用_root 别名创建一个绝对路径。例如，下面的语句调用动画中影片剪辑 sun 的 stop 方法：

```
_root.sun.stop();
```

Flash CS5 允许使用别名_parent 来引用嵌套在当前影片剪辑中的另一个影片剪辑，也可以用_parent 创建一个相对目标路径。例如：如果影片剪辑 bird 被嵌套在影片剪辑 animal 之中，那么，在实例 bird 中的下列语句将使 animal 影片剪辑停止播放：

```
_parent.stop(); ..
```

(2) 大括号：动作脚本语句用大括号{}分块，如下面的脚本所示。

```
On(release){
          gotoandplay(2)
          }
```

(3) 分号：动作脚本语句用分号";"结束，如果省略语句结尾的分号，也可以成功编译脚本。

(4) 圆括号：在定义一个函数时，要把参数放在圆括号中。

```
Function myfunction(name,age,reader){
       ……
                    }
```

调用一个函数时，要把参数放在圆括号中：

```
Myfunction("steve",20,false);
```

圆括号也可以用来改变动作脚本的运算优先级，或使自己编写的动作脚本语句更容易阅读。

(5) 字母的大小写：在动作脚本中，关键字除外(关键字不能用大写字母)，动作脚本元素字符串不区分大小写，即可以同时使用大写字母或小写字母。例如，下面的语句是等价的：

```
cat.hilite=true;
CAT.hilite=true;
```

提示：遵守一致的大小写原则是一个好的习惯。这样，在阅读动作脚本代码时将便于区分函数和变量的名字。

(6) 注释：注释有利于理解动作脚本，如果在一个合作的环境中工作或者要提供范例，注释还有助于向其他开发人员提供信息。如果要在创建脚本时应用注释，就在注释前面加"//"。

(7) 关键字：动作脚本保留一些单词，专门用于脚本语言中。因此，不能用这些保留字作为变量、函数或标签的名字。注意这些关键字都是小写，不能写成大写形式。

提示：函数和语句在概念上是密切相连的，在实际使用时往往难以区分，所以经常将它们统称为语句。

1.4　Flash CS5 的系统配置

在使用 Flash CS5 软件之前，建议用户根据自己的需要对软件进行系统配置，以便更好地适合自己的使用风格。

1.4.1　【首选参数】面板设置

该参数面板主要设置一些常规操作的参数。

单击 编辑(E) → 首选参数(S)... 命令（或按 Ctrl+U 键）弹出如图 1.13 所示的【首选参数】面板。该参数面板主要包括【常规】、【ActionScript】、【自动套用格式】、【剪贴板】、【绘画】、【文本】、【警告】、【PSD 文件导入器】以及【AI 文件导入器】。

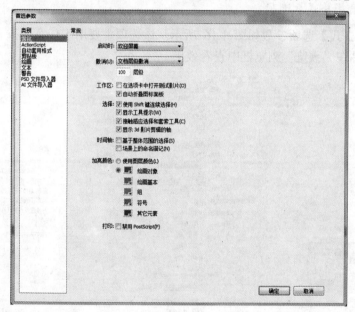

图 1.13

1. 【常规】选项

【常规】选项参数如图 1.13 所示，各选项的作用介绍如下。

(1)【启动时】选项：主要用来设置启动 Flash 应用程序时，对最先打开文档进行选择，其下拉列表如图 1.14 所示。

(2)【撤销】选项：主要用来设置"文档层级撤销"和"对象层级撤销"恢复的步骤。在 Flash CS5 中最多可以恢复的层级步骤范围为 3～300 的整数。使用撤销层级步骤越多，占用的系统内存空间就越多，影响软件的运行速度。

(3)【工作区】选项：默认情况下 Flash 应用程序在自己的窗口中打开测试影片。如果勾选了"在选项卡中打开测试影片"复选框，在单击 → 测试影片(T)→ 测试(T)命令时，在应用程序窗口中打开一个新的文档选项卡。如果勾选了"自动折叠图标面板"复选框，在单击处于图标模式中的面板的外部时，会使这些面板自动折叠。

(4)【选择】选项：用于设置在影片编辑中如何使用 shift 键处理多个元素的选择。

(5)【时间轴】选项：用于设置时间轴在被拖出原始窗口位置后的停放方式，并对时间轴中的帧进行选择和命令锚点设置。

(6)【加亮颜色】选项：用于设置舞台中独立对象被选取时的轮廓颜色。

(7)【打印】选项：用于设置是否在打印时禁用 PostScrip 输出，如果勾选"禁用 PostScript"复选框，则在打印时禁用 PostScrip 输出。此选项只在 Windows 操作系统中起作用。

2.【ActionScript】选项

【ActionScript】选项参数如图 1.15 所示。该选项主要用于设置【动作】面板中动作脚本的外观。

3.【自动套用格式】选项

【自动套用格式】选项参数如图 1.16 所示。该选项主要用于任意选择【首选参数】面板中的选项，并在"预览"浏览框中查看效果。

图 1.14

图 1.15

图 1.16

4.【剪贴板】选项

【剪贴板】选项参数如图 1.17 所示，主要用于设置在影片编辑中的图形或文本进行剪贴操作时的属性选项。

【位图】选项：该选项只有在 Windows 操作系统中才起作用。当剪贴对象是位图时，可以对位图图像的"颜色深度"和"分辨率"等属性进行设置。在"大小限制"文本框中输入数值，可以指定将位图图像放在剪贴板上时所使用的内存，通常对较大或高分辨率的位图图像进行剪贴时，需要设置较大的数值。如果计算机的内存有限，可以选择"无"，不应用剪贴。勾选"平滑"复选框，可以对剪贴位图应用消除锯齿的功能。

5. 【绘画】选项

【绘画】选项参数如图 1.18 所示。

该选项主要用于指定钢笔工具指针外观的首选参数；在画线段时进行预览或者查看选定锚记点的外观；通过绘画设置来指定对齐、平滑和伸直行为；更改每个选项的"容差"设置；打开或关闭某个选项。一般情况下采用默认值。

6. 【文本】选项

【文本】选项参数如图 1.19 所示。

该选项主要用于设置"字体映射默认设置"、"垂直文本"、"输入方法"和"字体菜单"等功能的属性。

(1)【字体映射默认设置】选项：设置在 Flash CS5 中打开文档时替换缺失字体所使用的字体。

(2)【样式】选项：设置字体的样式。

(3)【字体映射对话框】选项：如果需要显示缺失的字体，则需要勾选此复选框。

(4)【垂直文本】选项：用于设置使用文字工具进行垂直文本编辑时的排列方向、文本流向和字距微调属性。

(5)【输入方法】选项：用于设置输入语言的类型。

(6)【字体菜单】选项：用于设置字体的显示状态。

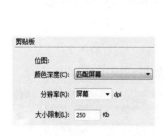

图 1.17

图 1.18

图 1.19

7. 【警告】选项

【警告】选项参数如图 1.20 所示。该选项主要用来设置是否对在操作过程中发生的一些异常提出警告。

8. 【PSD 文件导入器】选项

【PSD 文件导入器】选项参数如图 1.21 所示。该选项主要用于进行导入 Photoshop 图像时的一些设置。

9. 【AI 文件导入器】选项

【AI 文件导入器】选项参数如图 1.22 所示。主要用于进行导入 Illustrator 文件时的一些设置。

图 1.20

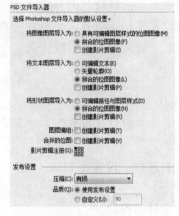

图 1.21

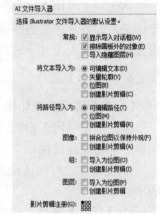

图 1.22

1.4.2 浮动面板的设置

在 Flash CS5 中，浮动面板主要用于快速设置文档中对象的属性。用户可以使用软件默认的面板布局，也可以根据需要显示或隐藏面板，调整面板的大小。

1. 恢复系统默认的面板布局

在菜单栏中单击 窗口(W) → 工作区(S) → 传统 命令，操作界面布局恢复到默认传统的面板布局。

2. 自定义面板布局

将需要设置的面板调到界面中，如图 1.23 所示。

将鼠标放置在面板名称上，拖动面板到操作界面的右侧，效果如图 1.24 所示。

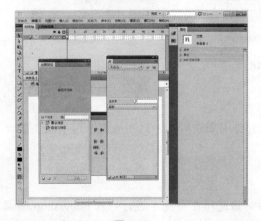

图 1.23

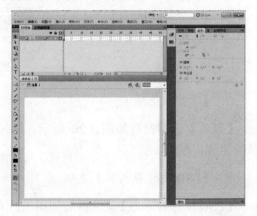

图 1.24

1.4.3 【历史记录】面板

　　【历史记录】面板主要将新建或打开后的文档所进行的操作步骤一一记录下来，便于用户查看操作的步骤。

　　在【历史记录】面板中，可以有选择的撤销一个或多个操作步骤，也可以将面板中的步骤应用于同一对象或文档中的不同对象。软件在默认状态下，【历史记录】面板可以撤销 100 次的操作步骤，用户也可以根据需要在【首选参数】面板中设置不同的撤销步骤数，数值的范围为 2～300。

提示：【历史记录】面板中的步骤顺序是按照操作过程一一对应记录下来的，不能进行重　　　　新排列。

　　在菜单栏中单击 窗口(W) → 其他面板(R) → 历史记录(H) 命令(或按 Ctrl+F10 组合键)，弹出【历史记录】面板，如图 1.25 所示。在文档中进行操作后，【历史记录】面板将操作步骤按顺序进行记录，如图 1.26 所示，其中 ▷ 图标所在的位置就是当前进行的操作步骤。

　　将 ▷ 图标移动到某一个操作步骤时，该步骤下方的步骤将显示为灰色，如图 1.27 所示，此时，再进行步骤操作时，原来显示为灰色的操作步骤将被新操作的步骤代替，如图 1.28 所示。在【历史记录】面板中，已经被撤销的步骤将无法再恢复。

图 1.25　　　　　　　　图 1.26　　　　　　　　图 1.27　　　　　　　　图 1.28

　　在 Flash CS5 中，【历史记录】面板可以显示操作对象的数据。操作方法是，在【历史记录】面板中右击，在弹出的快捷菜单中单击 视图 → 在面板中显示变量 命令，如图 1.29 所示。此时，在面板中显示操作对象的具体参数，如图 1.30 所示。

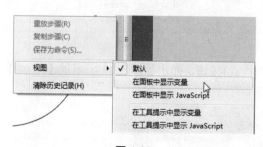
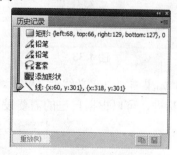

图 1.29　　　　　　　　　　　　　图 1.30

　　用户可以将【历史记录】面板中的操作步骤清除。操作方法是：在【历史记录】面板中右击，在弹出的快捷菜中单击 清除历史记录(H) 命令，弹出提示对话框，如图 1.31 所示，单击 是 按钮，面板中的操作步骤将全部清除，如图 1.32 所示，清除的历史记录将无法恢复。

图 1.31 图 1.32

1.5 常用工具的基本操作

1.5.1 【直线】工具和【铅笔】工具

✏(直线)工具和✏(铅笔)工具都是绘制线条的工具，它们的参数设置基本相同，不同之处在于使用【直线】工具只能绘制不同角度的直线，而使用【铅笔】工具跟平时使用的铅笔一样，能绘制各种不同的线条。

下面介绍✏(铅笔)工具的使用。

(1) 在工具箱中单击✏(铅笔)工具，并在【铅笔模式】中选择一种模式，如图 1.33 所示。

⤵伸直：直线化模式可画出平直的线条，并可将近似于三角形、椭圆形、矩形和正方形的图形转换为相应的标准几何图形。

S 平滑：平滑模式可画出平滑的曲线。

✍墨水：在墨水瓶模式下可随意画线。

(2) 打开【铅笔】工具的【属性】面板，如图 1.34 所示，在属性面板中设置绘图的属性。

图 1.33

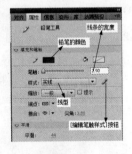

图 1.34

(3) 如果需要自定义线型，单击✏(编辑笔触样式)按钮，弹出如图 1.35 所示的【笔触样式】对话框，可以根据自己的需要设置该对话框。

图 1.35

类型(Y)：：在 类型(Y): 实线 下拉列表框中选择一种类型，其中包括【实线】、【虚线】、【点状线】、【锯齿状】、【点描】、【斑马线】等，对于每种类型的线条均有其相应的选项。

□4 倍缩放(Z)：勾选 ☑4 倍缩放(Z) 复选框可以使浏览框中的对象以 4 倍放大显示，以便观察。

粗细(I)：在 粗细(I): 1 pts 下拉列表框中可以选择线条的宽度，也可以直接在文本框中输入所需要的线条宽度。

□锐化转角(O)：选中 ☑锐化转角(O) 复选框，有角度的线条的角度将较尖锐。

(4) 设置好所有参数后，利用【铅笔】工具直接在工作区域中拖动，即可创建相应的线条，如图 1.36 所示。

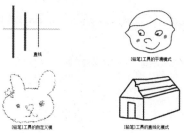

图 1.36

提示：① 选择【铅笔】工具，在按住 Shift 键的同时拖动鼠标，可绘出水平或竖直的线条。②选择【直线】工具，在按住 Shift 键的同时拖动鼠标，可绘出水平、竖直、45° 的倍数直线条。

1.5.2　【椭圆】工具和【矩形】工具

使用 ◯(椭圆)工具或 ▢(矩形)工具可以很容易地绘制出一些常见的图形，用户可设置图形的内部填充和线型颜色，并可以为矩形设置不同的圆角。

1. 绘制矩形

(1) 单击 ▢(矩形)工具。

(2) 在浮动面板中设置【矩形】工具属性，具体设置如图 1.37 所示。

(3) 在舞台中用鼠标拖出一个矩形，如图 1.38 所示。在【矩形】工具属性面板中设置不同的颜色、边框粗细、边框线型和填充颜色。如图 1.39 所示，设置不同边框属性和填充颜色后，绘制的图形效果。

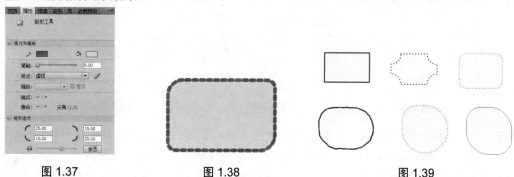

图 1.37　　　　　　　图 1.38　　　　　　　图 1.39

2. 绘制椭圆

(1) 单击 ○(椭圆)工具。

(2) 在浮动面板中设置【椭圆】工具属性，具体设置如图 1.40 所示。

(3) 在舞台中拖动鼠标，绘制出一个如图 1.41 所示的图形。【椭圆】工具属性面板中设置不同的颜色、边框粗细、边框线型和填充颜色。如图 1.42 所示，设置不同边框属性和填充颜色后，绘制的图形效果。

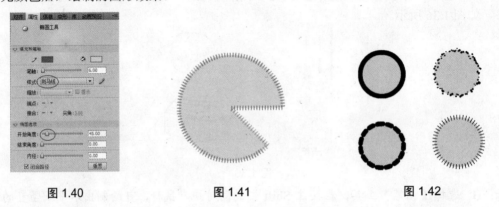

| 图 1.40 | 图 1.41 | 图 1.42 |

提示：在绘制矩形或椭圆时如果按住 Shift 键，则绘制出来的就是正方形或正圆。

1.5.3 【钢笔】工具

如果需要绘制精确的直线、曲线或混合线，可以使用 ⏸(钢笔)工具绘制，使用【钢笔】工具绘制的线段能够调整其节点，以改变路径的形状。例如，可以将直线调整为曲线，也可以将曲线拉伸成直线。【钢笔】工具还可以调整由其他 Flash 工具创建的图形上的节点。例如，由【铅笔】工具、【椭圆】工具和【矩形】工具创建的图形节点。

绘制曲线的操作步骤如下。

(1) 在工具箱中单击 ⏸(钢笔)工具。

(2) 在舞台上单击，确定曲线的第一个点，如图 1.43 所示。

(3) 再在舞台中的适当位置单击，拖动鼠标，得到如图 1.44 所示的图形。

(4) 松开鼠标，效果如图 1.45 所示。

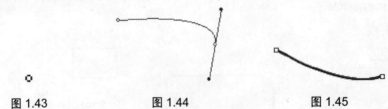

| 图 1.43 | 图 1.44 | 图 1.45 |

提示：① 单击曲线终止点，单击工具箱中的【钢笔】工具，或在曲线外按住(Ctrl)键单击鼠标，均可以结束对开放曲线的绘制。②将【钢笔】工具移至曲线起始点处，当位置正确时在【钢笔】工具右下角会出现一个小圆圈，单击可绘制闭合曲线。

1.5.4　【刷子】工具

使用 🖌 (刷子)工具可以绘制出具有书法效果的线段,并可以通过改变刷子的尺寸来模拟钢笔和其他对按压敏感的书写工具。在绝大多数数码笔和压力传感板上,可通过改变笔刷的粗细发生变化。使用数码笔和压力传感板可以设计出更加专业的美术效果。

单击工具箱中的 🖌 (刷子)工具,在工具箱中可以设置刷子的【刷子模式】、【刷子大小】、【刷子形状】三个选项。【刷子模式】如图 1.46 所示。

(1) 标准绘画:选择 🔘标准绘画 模式,绘制的内容将覆盖同层的线条和颜色填充区。

(2) 颜料填充:选择 🔘颜料填充 模式,对空白区域和颜色填充区域绘图,线条不受影响。

(3) 后面绘制:选择 🔘后面绘画 模式,在舞台的空白处绘图,有内容的地方不受影响。

(4) 颜料选择:选择 🔘颜料选择 模式,对当前选择的颜色填充区绘图。

(5) 内部绘画:选择 🔘内部绘画 模式,仅对填充区绘图,线条不受影响。在这种模式下不必担心绘制到颜色填充区以外。

从【刷子模式】的其他两个下拉菜单中选择刷子的大小和形状,并单击工具箱的 ⛝(填充颜色)按钮,在弹出的下拉列表中选择所需要的颜色。设置好后,利用【刷子】工具绘制出如图 1.47 所示的图形。

图 1.46

图 1.47

1.5.5　【橡皮擦】工具

使用【橡皮擦】工具,可擦除线条和内部填充的颜色。根据擦除方式的不同,可迅速对对象线条和内部填充颜色进行擦除(也可以只擦除线条或内部填充颜色的一部分),还可以设置橡皮擦的形状和尺寸。

橡皮擦模式一共有 5 种,如图 1.48 所示。

(1) 标准擦除:选择 🔘标准擦除 模式,擦除同一层的线条和颜色填充。

(2) 擦除填色:选择 🔘擦除填色 模式,仅擦除颜色填充,线条不受影响。

(3) 擦除线条:选择 🔘擦除线条 模式,仅擦除线条,颜色填充不受影响。

(4) 擦除所选填充:选择 🔘擦除所选填充 模式,仅擦除当前被选择的颜色填充,而对于线条,不管是否选择,都不受影响。

(5) 内部擦除:选择 🔘内部擦除 模式,仅擦除最先单击区域的颜色填充,如果该区域为空白,那么任何对象都不被擦除。该模式下线条不受影响。

如果单击 🚰(水龙头)按钮,只需单击线条或内部填充区域中的某处,即可擦除线条或填充颜色,其作用与先选择线条或内部填充区域,然后按 Delete 键删除的效果一样。

利用【橡皮擦】工具擦除如图 1.49 所示的图片,效果如图 1.50 所示。

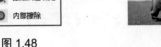

图 1.48

图 1.49

图 1.50

1.5.6 【箭头选择】工具

利用 ▶(箭头选择)工具可以选择整个对象或对象的一部分，这取决于所选对象的类型。下面分别对选择不同类型的对象进行叙述。

(1) 如果选择对象是"形状"，单击 ▶(箭头)工具可以选择部分线条或填充色块；双击填充颜色可选择色块及轮廓；双击线条可选择对象中的所有线条。

(2) 如果选择的对象是"组合"、"符号"或"位图"，单击 ▶(箭头)工具即可选择整个对象。还可以用 ▶(箭头选择)工具拖出一个矩形区域，将区域中的对象全部选择。

(3) 如果选择的对象是相连接的多个线条，则双击其中的一条，相连接的所有线条都被选择。

(4) 要选择当前舞台上的所有对象，可以按 Ctrl+A 组合键。

(5) 要选择当前图层上的所有对象，可以在"时间轴"上单击当前图层上的当前帧。

利用选择工具，可将如图 1.51 所示的正五边形调整为如图 1.52 所示的图形。

图 1.51

图 1.52

1.5.7 【部分选取】工具

利用 ▶(部分选取)工具选择对象后，对象边框以路径方式显示。边框上有许多节点时，编辑这些节点可以更改边框的形状。对于有内部填充的图形，编辑边框形状时其内部的填充会自动随边框改变填充的范围。

操作方法如下。

(1) 利用 ▶(部分选取)工具单击图形对象的边框，边框线上将显示节点。

(2) 单击某个节点，节点两边会出现控制柄。

(3) 拖动节点会改变图形的形状，拖动控制柄会改变曲线的弧度。

利用 ▶(部分选取)工具选择如图 1.53 所示的图形节点，选择后如图 1.54 所示，对节点进行调整后的效果如图 1.55 所示。

图 1.53

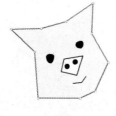
图 1.54

图 1.55

1.5.8　【套索】工具

使用 ╱(套索)工具对所选择的范围进行勾选，即可选择包含在勾选范围区域中的对象。

【套索】工具的操作方法如下。

(1) 单击 ╱(套索)工具。

(2) 在工具箱的 **选项** 中选择一种选择工具，如图 1.56 所示。

对这些工具及其相关设置说明如下。

◠多边形套索工具：选择◠多边形套索工具，可以勾选出多边形选区，双击即可结束选择。

◥(魔术棒)工具：选择◥(魔术棒)工具，可在分离的位图上选择相同的颜色。

◥..(魔术棒设置)工具：单击◥..(魔术棒设置)工具，将弹出如图 1.57 所示的【魔术棒设置】对话框。

(1) 阈值(T)：在 阈值(T): [ ] 文本框中输入数值，可以定义选择范围内相邻像素颜色值的相近程度。数值越大，选择范围越大。

(2) 平滑(S)：在 平滑(S): [一般] 下拉列表中可以设置边缘的平滑程度，如图 1.58 所示。

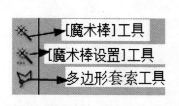
图 1.56

图 1.57

图 1.58

1.5.9　【墨水瓶】工具

使用 ◍(墨水瓶)工具可以设置对象的线型类型、颜色及大小。

操作方法如下。

(1) 单击 ◍(墨水瓶)工具。

(2) 设置【属性】面板如图 1.59 所示。

(3) 在如图 1.60 所示的图形边缘单击。

(4) 得到如图 1.61 所示的图形。

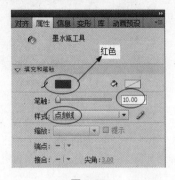

图 1.59　　　　　　　　　图 1.60　　　　　　　　　图 1.61

1.5.10　【颜料桶】工具

（颜料桶)工具用于填充封闭对象的内部填充，既可对空白对象进行填充，也可以改变对象内部原有的颜色，并且可以填充为纯色、渐变色和位图。使用【颜料桶】工具还可以调整渐变色和位图的尺寸、方向和渐变色的中心。

操作方法如下。

(1) 单击工具箱中的【颜料桶】工具。

(2) 在工具箱的下边选择一种填充类型，如图 1.62 所示。

不封闭空隙：所选择的填充区域必须是封闭的，否则不能填充颜色；只有手动封闭缺口之后才能进行填充。封闭小空隙、封闭中等空隙、封闭大空隙：这三者的作用都是自动封闭填充有空隙的对象，只是 3 个选项在允许缺口的大小上有所不同。

提示：使用放大或缩小的方法可以改变图形的外观，但并不能改变缺口的实际尺寸。所以如果缺口比较大，就必须手动进行调整。

(3) 将如图 1.63 所示的图形填充为如图 1.64 所示的图形。

图 1.62　　　　　　　　　图 1.63　　　　　　　　　图 1.64

将图片拖到舞台中，并将其分离，单击(颜料桶)工具，选择一种填充模式，单击(吸管)工具，在分离的图片上单击，再在需要填充的图形上单击，填充出如图 1.64 所示的效果。

1.5.11　【吸管】工具

使用(吸管)工具可以采集线型或内部填充的信息，并将其应用到其他图形上，还可以对位图取样，以便填充出其他区域。

(吸管)工具的使用要配合【填充】工具和【墨水瓶】工具的使用，操作方法如 1.5.10 节相关内容所述。

1.5.12　【文字】工具

A(文字)工具是 Flash CS5 中的一个重要工具，文字的形式可分为 3 种：静态文本、输入文本和动态文本。文字的输入方式也有两种：连续输入方式和固定文本框输入方式。

文本的操作方法如下。

(1) 连续输入方式：单击工具箱中的 **A**(文字)工具，在浮动面板中设置文字属性如图 1.65 所示。在舞台或工作页面中需要输入文字的地方单击，然后输入文本或粘贴文字。

① 静态文本：直接在舞台或工作页面中输入文字，以显示文本的输入。

② 动态文本：用来动态链接网址或网页。例如，单击 **A**(文字)工具、设置【属性】面板，如图 1.66 所示。在舞台中输入"连接到新浪网"。在选中文字的情况下，在【属性】面板 🐾 选项的右边的输入框中输入网址"http://www.sina.com.cn"，如图 1.66 所示，在测试或运行时，单击"连接到新浪网"的文字，这时就会自动跳到新浪网主页。

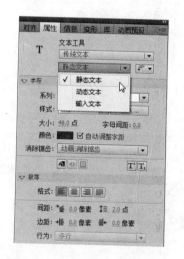

图 1.65

图 1.66

图 1.67

③ 输入文本：主要用来制作登录口令或密码输入框。

(2) 固定文本框输入方式：单击工具箱中的 **A**(文字)工具，设置【属性】面板，在舞台或工作页面中从左上角往右下角拖出一个文本框，此时就可以在拖出的框中输入或粘贴文字，如果文字过多，系统会自动换行。

(3) 利用 Flash 基本工具制作一个如图 1.67 所示的效果，当单击"163 网站"的文字时，将自动跳到 163 网站的主页。

提示： 使用动态文本，将前面的属性面板中的"http://www.sina.com.cn"网址改为"http://www.163.com"即可。

总结：

本章主要介绍了 Flash CS5 的启动、工具箱中每个工具的基本作用、动画的概念及其基本原理、脚本语言的基础知识、什么是舞台、Flash CS5 的常见术语以及 Flash CS5 的系统配置。

作业：

一、填空题

1. 动画是一门在某种介质上记录一系列_____画面，并通过一定的速率回放所记录的画面而产生_____的技术。

2. 在 Flash CS5 中动画的基本类型主要有_____、_____、_____、_____4 种。

3. 动作脚本(ActionScript)是 Flash 中能够面向_____进行编程的语言。它的使用不仅使动画具有_____，而且可以为普通动画添加玄妙的动画效果。

二、简答题

1. 说明矢量图形与位图图像之间的区别。

2. 简述 Flash CS5 的系统配置。

第 2 章

Flash CS5 图形绘制

知识点：

1. 基础知识
2. 纸盒子的制作
3. 五角星的制作
4. 可爱的 QQ 图像制作
5. 八卦图的制作
6. 齿轮的制作
7. 绘制展开的扇子
8. 绘制友情贺卡
9. 绘制小鸟
10. 绘制蝴蝶
11. 绘制漫画人物
12. 绘制美女

说明：

本章主要通过 11 个案例来讲解 Flash CS5 的基本绘图知识及浮动面板的设置和使用，前面几个例子比较简单，作为后面各章内容学习的基础，后面的几个例子有一定难度，为提高学生绘图能力，教师或学生可以根据自己的实际情况选择讲解或练习。

教学建议课时数：

一般情况下需 12 课时，其中理论 4 课时、实际操作 8 课时(根据特殊情况可做相应调整)。

2.1 基 础 知 识

2.1.1 元件和实例

　　元件是指一个可以重复利用的图形、影片剪辑或按钮，它保存在库中；实例是指出现在舞台上的元件或嵌套在其他元件中的元件。

　　下面介绍元件的作用。

　　(1) 元件的运用可以使电影的编辑更加容易，因为当我们需要对许多重复的元素进行修改时，只要对元件进行修改，Flash CS5 就会自动根据修改的内容对所有该元件的实例进行更新。

　　(2) 在电影中运用元件可以显著减少文件的大小，保存一个元件比保存每个出现的元素要节省更多的空间。如将一张静态的美丽背景转换成元件，就可以减少电影文件的大小。

　　(3) 可以加快电影的播放，因为在浏览器上一个元件只需要下载一次，这样就节约了时间。

提示：这里所说的"元件"，在以前的 Flash 版本中称为"图符"。

2.1.2 元件类型介绍

　　打开"基础元件介绍"Flash 文件，单击 窗口(W) → 库(L) 命令，弹出的【库】面板中包含了 3 种类型的元件，如图 2.1 所示。

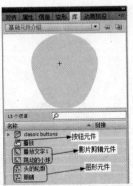

图 2.1

提示：元件类型的区别主要看前面的图形标志，■代表图形元件；■代表影片剪辑元件；■代表按钮元件。

2.1.3 图形元件的建立

　　图形元件的建立有如下两种情况。

　　(1) 将当前图形转化为图形元件：在需要转化的图形上右击，在弹出的快捷菜单中单击 转换为元件... 命令，此时将弹出如图 2.2 所示的【转换为元件】对话框，设置如图 2.2 所示。单

击 **确定** 按钮，此时即可将图形转换为图形元件。

(2) 新建图形元件：单击 **插入(I)** → **新建元件(N)... Ctrl+F8** 命令，弹出【创建新元件】对话框，具体设置如图 2.3 所示，单击 **确定** 按钮，进入图形元件创建状态，此时就可以进行图形元件的创建。创建完成后，单击时间轴左上角的 **场景 1** 按钮，即可返回场景。

图 2.2　　　　　　　　　　　　　　　　　　图 2.3

2.1.4　按钮元件的建立

按钮是元件的一种，它可以根据按钮出现的状态显示不同的图像，并且会响应鼠标动作。在按钮中可以放入图形元件或影片剪辑元件，但是不能在一个按钮中放入另外一个按钮。

1. 按钮的状态

在特殊的编辑环境中，通过在时间轴上创建关键帧，可以指定不同的按钮状态，如图 2.4 所示。

【弹起】帧：表示鼠标指针不在按钮上的状态。

【指针经过】帧：表示鼠标指针在按钮上的状态。

【按下】帧：表示鼠标单击按钮时的状态。

【点击】帧：定义对鼠标做出反应的区域，这个反应区域在电影中是看不见的。

2. 新建按钮元件

新建按钮的操作步骤如下。

(1) 通过下列任一操作开始创建新元件。

① 单击 **插入(I)** → **新建元件(N)... Ctrl+F8** 命令。

② 单击【库】面板底部的 **⊡** 按钮，或者在【库】面板的菜单栏中单击 **新建元件(N)... Ctrl+F8** 命令。

③ 按 Ctrl+8 组合键。

(2) 在弹出的【创建新元件】对话框中为新按钮取一个名字，并选择 **按钮** 作为元件类型。这时时间轴转变为由 4 帧组成的按钮编辑模式，如图 2.5 所示。

图 2.4　　　　　　　　　　　　　　　　　　图 2.5

(3) 创建【弹起】帧状态的按钮。可以利用前面所学的基本工具的使用方法制作如图 2.6 所示的图形。

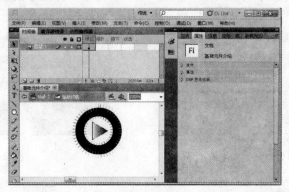

图 2.6

(4) 在【指针经过】帧上右击，在弹出的快捷菜单中单击 插入关键帧 命令，第一帧的图像就出现在舞台中，单击按钮图形，在右边的【混色器】中选择一种填充色，然后改变边框样式和填充颜色，如图 2.7 所示。

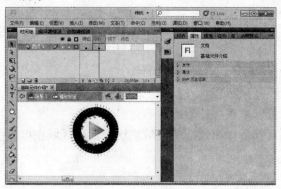

图 2.7

(5) 在【按下】帧上右击，在弹出的快捷菜单中单击 插入关键帧 命令，【指针经过】帧的图像出现在舞台上。选中图形按钮，在右边的浮动面板对图形的属性进行修改，修改后的图形如图 2.8 所示。

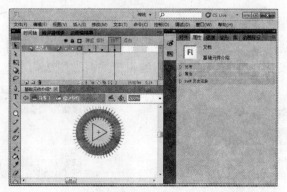

图 2.8

(6) 在【点击】帧上右击，在弹出的快捷菜单中单击 插入关键帧 命令，插入关键帧。

(7) 完成后，单击时间轴左上方的 场景1 按钮，返回场景，此时会发现库中出现了刚才制作的按钮。

(8) 如果要使用按钮，直接从【库】面板中将按钮拖到舞台中即可。如果对制作的按钮感觉不满意，可以双击按钮进入按钮的编辑状态对其进行编辑，方法与创建按钮时一样。

3. 启动按钮

在编辑电影时可以选择是否启动按钮功能。启动按钮功能后，按钮就会对指定的鼠标事件做出反应。一般情况下，工作的时候按钮功能是被禁止的。启动按钮功能可以在编辑状态下测试按钮，这样可以快速测试按钮功能是否令人满意。

按钮功能的启动方法如下。

单击 控制(O) → 启用简单按钮(T) 命令，此时 启用简单按钮(T) 命令前面出现一个"√"符号，表示按钮功能已经启动。再次单击这个命令将禁止按钮功能。

2.1.5　影片剪辑元件

1. 创建新的影片剪辑元件的步骤

(1) 可以通过下面任一种操作创建新影片剪辑。

① 单击 插入(I) → 新建元件(N)... Ctrl+F8 命令。

② 单击【库】窗口底部的 按钮，或者在【库】面板的选项菜单中单击 新建元件(N)... Ctrl+F8 命令。

③ 按 Ctrl+8 组合键。

(2) 在弹出的【创建新元件】对话框中为新元件取一个名字，并选择 影片剪辑▾ 作为元件类型，这时 Flash 转换为元件编辑模式，元件的名字出现在舞台的左上角，且窗口中有一个"十"字形标记，这代表元件的定位点，如图 2.9 所示。

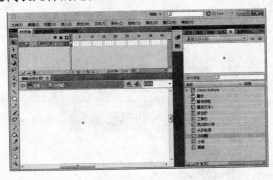

图 2.9

(3) 单击时间轴的第一帧，在工作区中绘制一幅图像，并将其转换为图形元件，如图 2.10 所示。

(4) 在"图层 1"的第 20 帧处右击，在弹出的快捷菜单中单击 插入关键帧 命令，如图 2.11 所示。

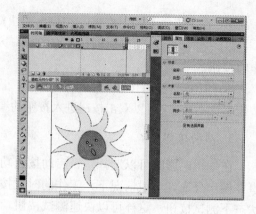

图 2.10   图 2.11

(5) 在图层上右击，在弹出的快捷菜单中单击 添加传统运动引导层 命令，即可添加一个引导层，如图 2.12 所示。用铅笔工具在工作区中绘制一条曲线，如图 2.13 所示。

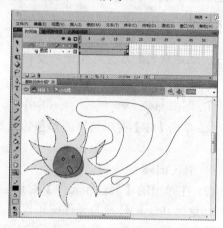

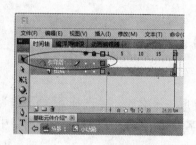

图 2.12   图 2.13

(6) 单击"图层 1"的第 1 帧，将图形实例放到绘制的曲线的左端点上，如图 2.14 所示。

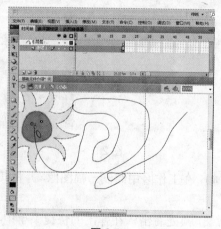

图 2.14

(7) 单击"图层 1"的第 20 帧，将图形实例放到绘制的曲线的右端点上，如图 2.15 所示。

(8) 在"图层 1"的第 1 帧至第 20 帧之间的任意帧上右击，在弹出的快捷菜单中单击 创建传统补间 命令，此时就创建了一个补间动画，如图 2.16 所示。

(9) 单击时间轴左上方的 场景1 按钮，返回场景，此时即制作好了一个影片剪辑元件。

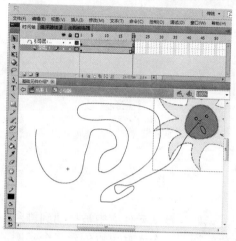 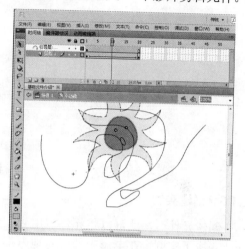

图 2.15　　　　　　　　　　　　　　　　图 2.16

2. 将动画转换为影片剪辑元件

一个制作好的动画要用到其他地方，就要将舞台中的动画转换为元件，被选取的对象虽然还在舞台中，但已经变成了元件的实例。

转化的步骤如下。

(1) 按住 Shift 键的同时，在时间轴左边的图层编辑区中单击所要转化的图层，以选中转化的图层，如图 2.17 所示。

(2) 在选中的任一帧上右击，在弹出的快捷菜单中单击 复制帧 命令。复制所选动画帧。

(3) 单击 插入(I) → 新建元件(N)... Ctrl+F8 命令，弹出【创建新元件】对话框，具体设置如图 2.18 所示。单击 确定 按钮，进入元件编辑模式。

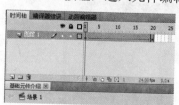 

图 2.17　　　　　　　　　　　　　　　　图 2.18

(4) 在元件编辑模式的编辑状态下，在"图层 1"的第 1 帧上右击，在弹出的快捷菜单中单击 粘贴帧 命令，将所选择复制帧的图形粘贴到元件编辑模式的工作区中，如图 2.19 所示。

(5) 单击时间轴左上方的 场景1 按钮，返回场景，转化元件的操作即完成。

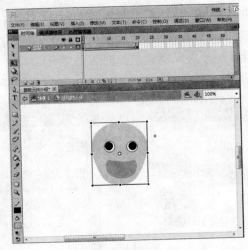

图 2.19

2.1.6 创建实例

创建元件后，就可以将元件应用到工作区中，元件一旦从元件库中被拖动到舞台中，它就变成了实例。在电影中的所有地方都可以创建实例，一个元件可以创建多个实例，而且每一个实例都拥有各自的属性。

应用各实例时需要注意：影片剪辑实例的创建和包含动画的图形实例的创建是不同的。影片剪辑只需要一个帧就可以播放动画，而且在编辑环境中不能演示动画效果；而包含动画的图形实例，则必须在与其元件同样长的帧中放置，才能显示完整的动画。

操作步骤如下。

(1) 因为实例只能放置在当前层的关键帧中，所以首先需要在时间轴上选取一个图层。如果没有关键帧，则实例将被添加到当前帧左边的第 1 关键帧中。

(2) 单击【窗口】→【库】命令，打开【库】面板。

(3) 从库中选择所需要的元件并将其拖到舞台中，这个元件在舞台中就变成了实例，如图 2.20 所示。

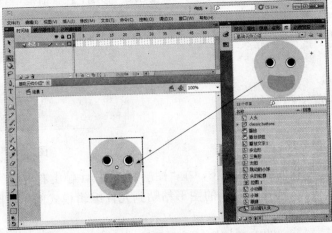

图 2.20

2.1.7　编辑实例

在舞台中创建元件实例后，则每个实例都有其自身的元件属性，可以使用实例【属性】面板编辑实例的属性，包括实例的颜色、透明度和亮度，也可以设置实例显示模式或者改变实例的类型。在默认情况下，实例类型和元件类型是一致的，但也可以在实例面板中指定其他类型。这些修改只影响实例而不会影响元件。

1. 替换实例

在舞台上创建实例后，也可以为实例指定另外的元件，令舞台上出现一个完全不同的实例，而原来的实例属性不会改变。

为实例指定不同元件的操作步骤如下。

(1) 选中舞台中的实例，实例【属性】面板如图 2.21 所示。

(2) 在实例属性面板中单击 交换... 按钮，弹出如图 2.22 所示的【交换元件】对话框。

图 2.21

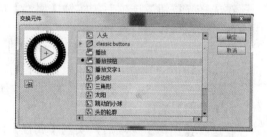

图 2.22

(3) 从列表中选择需要替换的元件，如图 2.23 所示，单击 确定 按钮，即替换成功，如图 2.24 所示。

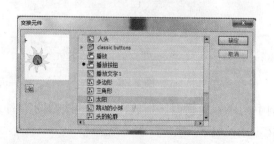

图 2.23

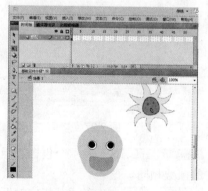

图 2.24

2. 改变实例类型

在舞台中创建实例后，该实例最初的属性就都继承了其链接的元件类型。可以通过实例【属性】面板来改变实例的类型，如图 2.25 所示。

在实例【属性】面板中，实例的类型下拉列表框中有 3 种类型的元件类型：影片剪辑、按钮、图形。改变实例类型的具体设置说明如下。

1)【影片剪辑】选项

在实例选择【影片剪辑】选项后，可以在类型选项上方为实例输入一个名字，以便在影片中控制这个实例，如图 2.26 所示。

图 2.25　　　　　　　　　　　　　　　　图 2.26

2)【按钮】选项

在选择【按钮】选项后，实例【属性】面板如图 2.27 所示，在交换元件的下拉列表框中有两个选项可以进行选择。

：表示忽略从其他按钮上发出的事件，例如，在一个按钮上按住鼠标左键，再将按钮拖动到另一个按钮上释放鼠标左键，此时第一个按钮不起作用。

音轨作为菜单项：表示接收具有同样性质的按钮发出的事件。

3)【图形】选项

在选择【图形】选项后，实例【属性】面板如图 2.28 所示。在交换元件的下拉列表框中有 3 个选项，说明如下。

图 2.27　　　　　　　　　　　　　　　　图 2.28

循环：表示令包含在当前实例中的序列动画循环播放，循环的次数同实例所占的帧数相同。

播放一次：表示从指定帧开始，只播放一次动画。

单帧：显示序列动画的指定一帧。

4) 改变实例类型

操作步骤如下。

(1) 选取舞台中的实例，则在工作区下方显示出实例的【属性】面板。

(2) 从实例【属性】面板的类型下拉列表框中选择新的类型。

(3) 设置新类型的各种属性，则实例变为新的类型。

3. 改变颜色效果

元件的每一个实例都可以有不同的颜色效果，利用这一属性可以制作各种渐变动画。要改变实例的颜色和透明度，可以从实例【属性】面板中的颜色下拉列表框中选择，可供选择的选项包括以下几种。

(1)【亮度】：用来调节图像的相对亮度和暗度。明亮值的范围在-100%～100%，100%表示白色，-100%表示黑色，默认值为 0。设置时可以直接输入数值，也可以通过拖动滑杠来进行调节，如图 2.29 所示。

(2)【色调】：用来为各实例增加某种色调。可以使用颜色拾取器进行调整，也可以直接输入红、绿、蓝的颜色值，另外还可以使用游标设置色调百分比。色调值的范围在 0%～100%，数值为 0%时表示实例颜色不受影响，数值为 100%时则表示实例颜色完全饱和，所选颜色将完全取代实例的原有颜色，如图 2.30 所示。

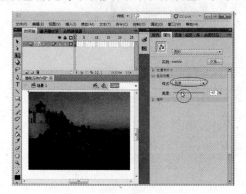

图 2.29

图 2.30

(3)【Alpha】：【颜色】中的 Alpha 用来设定实例的透明度，其值范围在 0%～100%。数值为 0%时实例完全不可见，数值为 100%时表示实例完全可见。设置时可以直接输入数字，也可以通过拖动滑杠来进行调节，如图 2.31 所示。

(4)【高级】：用来调整实例中的红、绿、蓝颜色和透明度。单击【高级】选项后的 设置... 按钮，将弹出如图 2.32 所示的对话框。

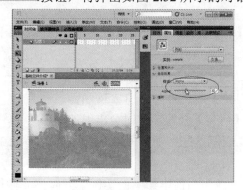

图 2.31

图 2.32

在该对话框中可以直接输入红、绿、蓝颜色值，也可以通过使用滑杠来进行调整，其数值范围为 0%～100%，当在位图图像的对象上创建动画的微妙颜色效果时，该选项非常有用。设置完成后，单击 确定 按钮即可。

4. 分离实例

实例不能像图像或文字那样改变填充色。如果想改变实例的填充色，可以将实例分离，将其变为一般图形再进行调整。实例分离后，将会切断其与元件的关系，除了对元件本身没有影响外，对引用该元件的其他实例也没有影响，如图 2.33 所示。

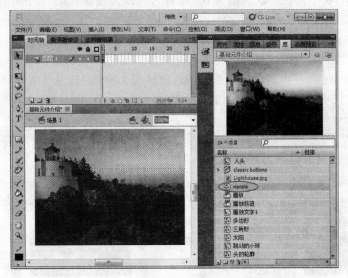

图 2.33

将实例分离的操作步骤如下。

(1) 在需要分离的实例上右击，在弹出的快捷菜单中单击 分离 命令，则该实例分离为矢量图形。

(2) 用工具箱中的【选择】工具对分离后的图形进行修改。

2.1.8 引用其他电影元件

在 Flash CS5 中，可以直接打开其他电影的【库】面板，而无需打开该电影文件，并且可以在当前电影中使用已打开的元件库中的元件。

在当前电影中引用其他电影元件的操作步骤如下。

(1) 按 Ctrl+Shift+O 组合键，打开【作为库打开】对话框，如图 2.34 所示。

(2) 在打开的对话框中选择电影文件，单击【确定】按钮，这时会出现该电影的【库】面板，选项菜单中的命令和左上角的图标为灰色，表示这些命令和图标不能工作，如图 2.35 所示。

(3) 从打开的库中将元件拖到舞台中，则元件成为当前电影中的实例，同时该元件也被复制到当前电影的库中，如图 2.36 所示。

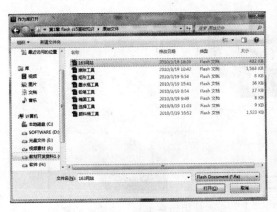

图 2.34

图 2.35

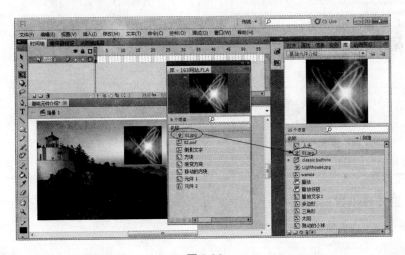

图 2.36

2.2　图形工具的简单案例

2.2.1　案例一：纸盒子的制作

一、案例效果预览

案例效果见本书提供的"第 2 章　Flash CS5 图形绘制/纸盒子的制作.swf"文件。通过预览了解本案例的最终效果。本案例主要使用 Flash CS5 的矩形、直线、填充和任意变形工具绘制一个打开的立方体盒子。通过该案例的学习，使学生熟练掌握矩形、直线、填充和任意变形工具的使用方法、技巧以及透视原理。

二、本案例画面效果及制作步骤(流程)分析

案例画面效果如下：

案例制作的大致步骤：

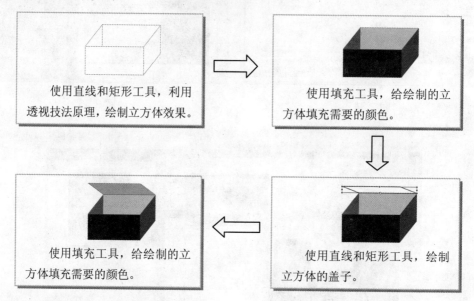

使用直线和矩形工具，利用透视技法原理，绘制立方体效果。

使用填充工具，给绘制的立方体填充需要的颜色。

使用填充工具，给绘制的立方体填充需要的颜色。

使用直线和矩形工具，绘制立方体的盖子。

三、详细操作步骤

1. 创建文档

双击 图标，弹出如图 2.37 所示的对话框，单击 ActionScript 2.0 选项，新建一个空白文档。

图 2.37

2. 制作纸盒子体

步骤 1：单击■(矩形)工具，将✎(笔触颜色)设置为灰色，将 ◇ ■(填充颜色)设置为 ◖✎，单击■(矩形)工具，在舞台上绘制如图 2.38 所示的矩形，单击▣(任意变形)工具，此时矩形四周出现 8 个黑色的小方块，如图 2.39 所示，把鼠标指针移到矩形的上边，按住鼠标左键不放，向右拖动，使矩形变成如图 2.40 所示的效果，松开鼠标，再将鼠标指针移到矩形顶边中间的小黑块上，并向下移动，使矩形变成如图 2.41 所示。

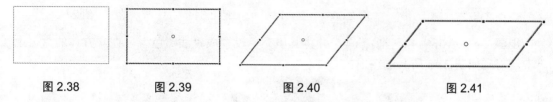

图 2.38　　　　图 2.39　　　　图 2.40　　　　图 2.41

步骤 2：选择如图 2.41 所示的图形，单击 编辑(E) → 复制(C)　　Ctrl+C 命令，然后单击 编辑(E) → 单击 粘贴到当前位置(P)　Ctrl+Shift+V 命令，复制一个与如图 2.41 所示一样的矩形，按键盘上的↑键，使复制的矩形垂直向上移动，得到如图 2.42 所示的图形。

步骤 3：单击✎(线条)工具，将如图 2.42 所示的图形用直线连接成如图 2.43 所示的图形。

步骤 4：单击▸(选择)工具，在按住 Shift 键的同时，按如图 2.44 所示选中直线，并按 Delete 键，将选中的直线删除，得到如图 2.45 所示的图形。

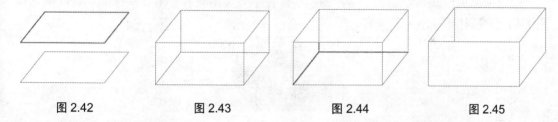

图 2.42　　　　图 2.43　　　　图 2.44　　　　图 2.45

步骤 5：单击◔(颜料桶)工具，并将填充颜色设置成"淡蓝色"，单击立方体的前面，得到如图 2.46 所示的图形，用同样的方法将右侧面填充为"浅蓝色"，如图 2.47 所示，将内侧面填充为"浅灰色"，如图 2.48 所示。

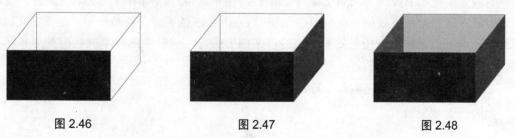

图 2.46　　　　　图 2.47　　　　　图 2.48

3. 制作纸盒子的盖子

步骤 1：单击▸(选择)工具，在按住 Shift 键的同时，单击立方体顶面的四条边，得到如图 2.49 所示的图形，按 Ctrl+C 键，按 Ctrl+Shift+V 键复制一个平行四边形，单击▣(任意变形)工具，得到如图 2.50 所示的图形，并将任意变形的中心点移到如图 2.51 所示的位置。

步骤 2： 将鼠标指针移到被选中的平行四边形的前边线的中点黑块上，按住鼠标左键不放并向上移动，得到如图 2.52 所示的图形位置。

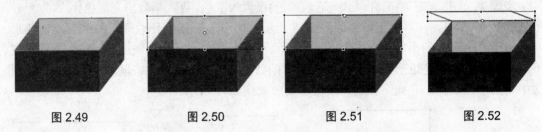

图 2.49   图 2.50   图 2.51   图 2.52

步骤 3： 单击 ♨(颜料桶)工具，并将其填充色设置成"浅黄色"→在立方体的盒盖上单击，得到如图 2.53 所示的图形。

图 2.53

四、举一反三

使用前面所学知识绘制如下所示的图形，完整效果请观看"第 2 章 Flash CS5 图形绘制/纸盒子的制作练习.swf"文件。

2.2.2　案例二：五角星的制作

一、案例效果预览

案例效果见本书提供的"第 2 章 Flash CS5 图形绘制/五角星的制作.swf"文件。通过预览了解本案例的最终效果。本案例主要使用 Flash CS5 的直线、精确变形、渐变填充、精确旋转工具制作立体的五角星效果。通过该案例的学习，使学生熟练掌握精确变形和精确旋转工具的使用方法和技巧。

二、本案例画面效果及制作步骤(流程)分析

案例画面效果如下：

案例制作的大致步骤：

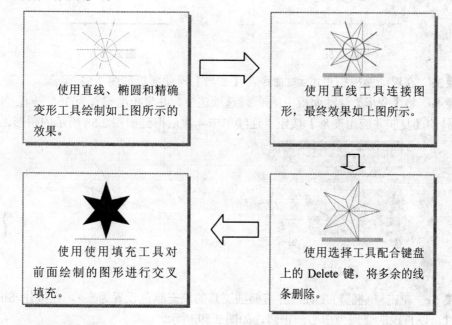

使用直线、椭圆和精确变形工具绘制如上图所示的效果。	使用直线工具连接图形，最终效果如上图所示。
使用使用填充工具对前面绘制的图形进行交叉填充。	使用选择工具配合键盘上的 Delete 键，将多余的线条删除。

三、详细操作步骤

1. 创建新文档

步骤 1：双击█图标，弹出对话框，在弹出的对话框中单击🃏 ActionScript 2.0选项，新建一个空白文档。

步骤 2：在菜单栏中单击 文件(F) → 保存(S) 命令，弹出【另存为】对话框，具体设置如图 2.54 所示，单击 保存(S) 按钮保存文件。

图 2.54

2. 绘制五角星

步骤 1：单击✐(直线)工具，按住 Shift 键的同时在绘图区中绘制一条直线，如图 2.55 所示。

步骤 2： 单击(任意变形)工具，这时直线效果如图 2.56 所示。

图 2.55   图 2.56

步骤 3： 在浮动面板中单击 变形 命令，【变形】浮动面板如图 2.57 所示。

步骤 4： 将【变形】浮动面板中的 △ 0.0° 选项选中，并将角度设置为 36°→在 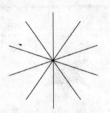(任意变形)工具的【复制并应用变形】按钮上连续单击 4 次，得到如图 2.58 所示的图形。

图 2.57   图 2.58

步骤 5： 单击 ○(椭圆)工具，并将椭圆工具的填充颜色设置为 ，在按住 Shift+Alt 键的同时，以直线的交点为中心画正圆，如图 2.59 所示。

步骤 6： 用直线将如图 2.59 所示的图形连接成如图 2.60 所示的图形。

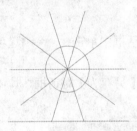   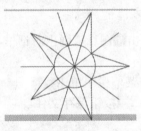

图 2.59   图 2.60

步骤 7： 单击 (选择)工具，在按住 Shift 键的同时单击所要删除的直线，如图 2.61 所示，按 Delete 键，将不要的直线删除，如图 2.62 所示。

   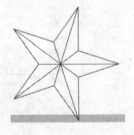

图 2.61   图 2.62

3. 给五角星填充颜色

步骤 1： 单击 (颜料桶)工具，并将 (填充色)设置为 ■(黑红渐变)。在五角星的如

图 2.63 所示的 "1，2，3，4，5，6，7，8，9，10" 处分别单击，得到如图 2.64 所示的图形。

步骤2： 单击 (选择)工具，双击五角星的绘制直线，这时五角星的所有直线被选中，如图 2.65 所示。按 Delete 键，将其直线删除，得到如图 2.66 所示的图形。

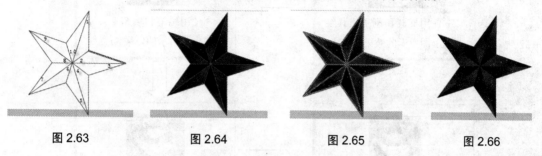

　　图 2.63　　　　　　图 2.64　　　　　　图 2.65　　　　　　图 2.66

提示： 五角星的制作原理就是，旋转一周为 360°，五角星有 5 个角，每个角的一半就是 36°。

四、举一反三

使用前面所学知识绘制如下所示的图形，完整效果请观看 "第 2 章 Flash CS5 图形绘制/五角星的制作练习.swf。文件" 提示：六角星的每半个角为 30°。

2.2.3　案例三：可爱的 QQ 图像制作

一、案例效果预览

案例效果见本书提供的 "第 2 章 Flash CS5 图形绘制/可爱的 QQ 图像制作.swf" 文件。通过预览了解本案例的最终效果。本案例主要使用 Flash CS5 的椭圆、颜料桶、刷子和铅笔工具制作 QQ 图像效果。通过该案例的学习，使学生熟练掌握 Flash CS5 基本工具的使用方法和技巧。

二、本案例画面效果及制作步骤(流程)分析

案例画面效果如下：

案例制作的大致步骤：

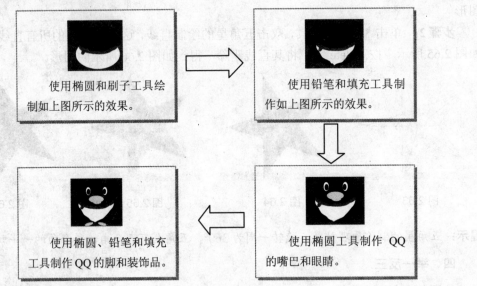

使用椭圆和刷子工具绘制如上图所示的效果。　→　使用铅笔和填充工具制作如上图所示的效果。

使用椭圆、铅笔和填充工具制作 QQ 的脚和装饰品。　←　使用椭圆工具制作 QQ 的嘴巴和眼睛。

三、详细操作步骤

1. 创建新文档

步骤 1：双击 图标，在弹出的对话框中单击 ActionScript 2.0 选项，新建一个空白文档。

步骤 2：在菜单栏中单击 文件(F) → 保存(S) 命令，弹出【另存为】对话框，在 文件名(N): 右边的文本输入框中输入"可爱的 QQ 图像制作"，单击 保存(S) 按钮即可将新建文件保存为"可爱的 QQ 图像制作.fla"文件。

2. 设置舞台的背景颜色

步骤 1：文档【属性】面板如图 2.67 所示。

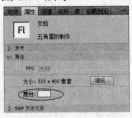

图 2.67

步骤 2：单击【属性】面板中的 舞台 □ 右侧的白框，弹出(颜色设置)对话框，如图 2.68 所示。在对话框中选择"浅蓝色"，此时背景变成浅蓝色，如图 2.69 所示。

图 2.68

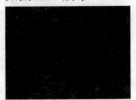

图 2.69

3. 绘制 QQ 图像效果

步骤 1：单击 ○(椭圆)工具，并将填充色设置为白色，在舞台上绘制一个椭圆，如图 2.70 所示→将 ○(椭圆)填充色设置为黑色，在舞台上绘制第二个椭圆，位置和形状如图 2.71 所示。

步骤 2：单击 ✐(刷子)工具，并将填充色设置为红色，刷子大小设置为如图 2.72 所示。在两个椭圆上刷一条曲线，如图 2.73 所示。

图 2.70　　　　　　图 2.71　　　　　　图 2.72　　　　　　图 2.73

步骤 3：单击 ✐(铅笔)工具，并设置笔触大小为 1 个像素点，将 ✐■(笔触颜色)设置为黑色，在如图 2.73 所示的图形上绘制两条曲线，如图 2.74 所示。

步骤 4：单击 ◉(颜料桶)工具，并将填充色设置为黑色，在如图 2.75 所示的"1"、"2"处单击，得到如图 2.76 所示的图形。

步骤 5：单击 ✐(铅笔)工具，在如图 2.76 所示的图像上绘制两只手，如图 2.77 所示，并用 ◉颜料桶工具将两只手填充为黑色，如图 2.78 所示。

图 2.74　　　　　图 2.75　　　　　图 2.76　　　　　图 2.77　　　　　图 2.78

步骤 6：单击 ○(椭圆)工具，并将填充色设置为"白色"，给可爱的 QQ 绘制两只白色的眼睛，如图 2.79 所示。

步骤 7：单击 ○(椭圆)工具，并将填充色设置为"黑色"，给可爱的 QQ 绘制两只黑色的眼珠，并对其进行适当的填充，得到如图 2.80 所示的图形。

步骤 8：采取同样的方法，利用【椭圆】工具，绘制可爱 QQ 的嘴，如图 2.81 所示。

图 2.79　　　　　　　图 2.80　　　　　　　图 2.81

步骤 9：采取同样的方法，利用【椭圆】工具，绘制可爱 QQ 的两只脚，如图 2.82 所示。

步骤 10：利用 ✐(铅笔)工具绘制头上的"装饰品"，如图 2.83 所示，并用 ♨(填充)工具将其填充为红色，如图 2.84 所示。

图 2.82

图 2.83

图 2.84

四、举一反三

使用前面所学知识绘制如下所示的图形，完整效果请观看"第 2 章 Flash CS5 图形绘制/可爱 QQ 图像的制作练习.swf"文件。

2.2.4 案例四：八卦图的制作

一、案例效果预览

案例效果见本书提供的"第 2 章 Flash CS5 图形绘制/八卦图的制作.swf"文件。通过预览了解本案例的最终效果。本案例主要使用 Flash CS5 的椭圆、颜料桶填充工具制作八卦图效果。通过该案例的学习，使学生熟练掌握 Flash CS5 基本工具的使用方法和技巧。

二、本案例画面效果及制作步骤(流程)分析

案例画面效果如下：

案例制作的大致步骤：

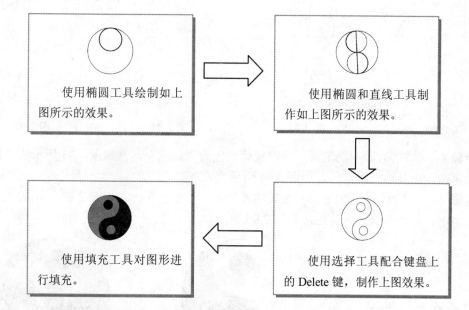

三、详细操作步骤

步骤 1： 利用前面所学的知识，新建一个文件。

步骤 2： 单击 ○ (椭圆)工具，并将填充色设置成 ，在场景中绘制一个圆，如图 2.85 所示。

步骤 3： 利用 (选择)工具，选中刚才绘制的圆，按 Ctrl+C 键复制一个圆，并选中刚才复制的圆。【变形】浮动面板的设置如图 2.86 所示，按 Enter 键，将复制的圆缩小一半，并调整位置，如图 2.87 所示。

步骤 4： 利用 (选择)工具选择如图 2.87 所示的小圆，再复制一个小圆，并调整好位置，如图 2.88 所示。

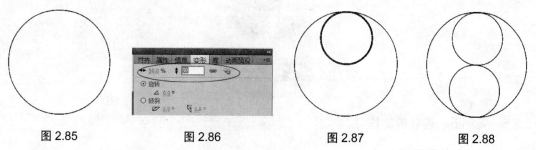

| 图 2.85 | 图 2.86 | 图 2.87 | 图 2.88 |

步骤 5： 单击 (直线)工具，在如图 2.88 所示的图形中绘制一条垂直直线，如图 2.89 所示。

步骤 6： 利用 (选择)工具并按住 Shift 键选择要删除的线条，如图 2.90 所示。按 Delete 键，删除所选择的线，如图 2.91 所示。

步骤 7： 再利用 ○ (椭圆)工具，绘制两个圆，如图 2.92 所示。

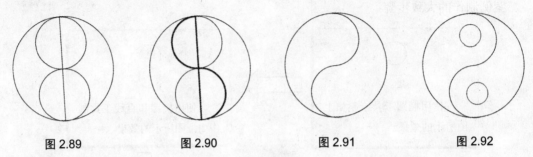

图 2.89　　　　　　图 2.90　　　　　　图 2.91　　　　　　图 2.92

步骤 8：单击 ✋(颜料桶)工具，并设置填充色为"蓝色"，在如图 2.93 所示的"1"、"2"处单击，将其填充为蓝色，如图 2.94 所示。

步骤 9：单击 ✋(颜料桶)工具，设置填充色为"浅蓝色"，在如图 2.93 所示的"3"、"4"处单击，并将其填充为蓝色，如图 2.95 所示。

图 2.93　　　　　　　　图 2.94　　　　　　　　图 2.95

四、举一反三

使用前面所学知识绘制如下所示的图形，完整效果请观看"第 2 章 Flash CS5 图形绘制/八卦图的制作练习.swf"文件。

2.2.5　案例五：齿轮的制作

一、案例效果预览

案例效果见本书提供的"第 2 章 Flash CS5 图形绘制/齿轮的制作.swf"文件。通过预览了解本案例的最终效果。本案例主要使用 Flash CS5 的直线工具、【变形】浮动面板中的复制旋转、颜料填充工具制作齿轮效果。通过该案例的学习，使学生熟练掌握【变形】浮动面板中的复制旋转的作用和使用技巧。

二、本案例画面效果及制作步骤(流程)分析

案例画面效果如下：

案例制作的大致步骤：

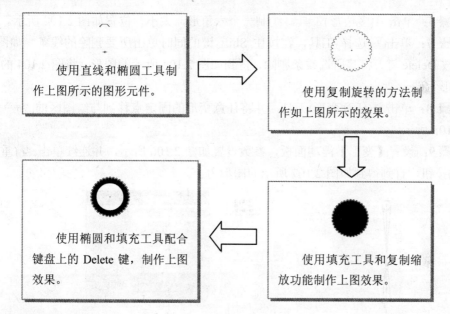

使用直线和椭圆工具制作上图所示的图形元件。

使用复制旋转的方法制作如上图所示的效果。

使用椭圆和填充工具配合键盘上的 Delete 键，制作上图效果。

使用填充工具和复制缩放功能制作上图效果。

三、详细操作步骤

步骤 1：运行 Flash CS5 ，新建一个空白文档。

步骤 2：单击 插入(I) → 新建元件(N)... Ctrl+F8 命令，弹出【创建新元件】对话框，具体设置如图 2.96 所示，单击 确定 按钮，新建一个元件。

步骤 3：单击 / (直线)工具，在元件中绘制一条直线，如图 2.97 所示。

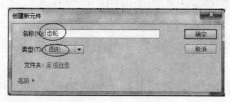

图 2.96　　　　　　　　　　　　　　　　图 2.97

步骤 4：选中所绘制的直线，设置【变形】浮动面板如图 2.98 所示，单击 (复制并应用变形)按钮，得到如图 2.99 所示的图形。

步骤 5：选中刚才复制的直线，设置【变形】浮动面板如图 2.100 所示，单击 按钮，得到如图 2.101 所示的图形。

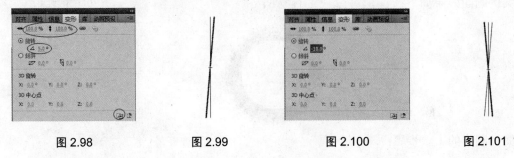

图 2.98   图 2.99   图 2.100   图 2.101

步骤 6：单击 工具，绘制一个六角形，大小、位置如图 2.102 所示。

步骤 7：单击 工具，在按住 Shift 键的同时单击所要删除的线条，如图 2.103 所示。按 Delete 键，将其所选线条删除，得到如图 2.104 所示的图形。将图 2.104 的图形转换为图形元件

步骤 8：单击 工具，并将任意变形的固定点移到与绘图区的 "+" 重合，如图 2.105 所示。

步骤 9：设置【变形】浮动面板，参数设置如图 2.106 所示，并连续单击 按钮，直到得到如图 2.107 所示的图形为止。

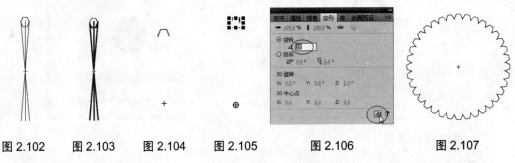

图 2.102   图 2.103   图 2.104   图 2.105   图 2.106   图 2.107

步骤 10：选中图 2.107 中的所有图形，将其进行分离操作。

步骤 11：单击 工具，并设置填充为 ，在如图 2.107 所示的图形中单击，得到如图 2.108 所示的图形。

步骤 12：单击 工具，选中如图 2.108 所示的图形，将其复制一个，并调整好位置，如图 2.109 所示。

步骤 13：单击 工具，并设置填充为 ，在如图 2.109 所示的图形中单击，得到如图 2.110 所示的图形。

步骤 14：单击 工具，绘制一个圆，并将其填充颜色删除，椭圆外围填充为灰色，如图 2.111 所示。

步骤 15：单击 工具，并设置填充为 ，在如图 2.111 所示的图形中单击，得到如图 2.112 所示的图形。

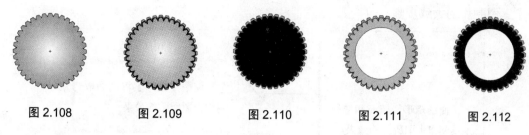

| 图 2.108 | 图 2.109 | 图 2.110 | 图 2.111 | 图 2.112 |

四、举一反三

使用前面所学知识绘制如下所示的图形，完整效果请观看"第 2 章 Flash CS5 图形绘制/齿轮的制作练习.swf"文件。

2.3　图形工具的复杂案例

2.3.1　案例六：绘制展开的扇子

一、案例效果预览

案例效果见本书提供的"第 2 章 Flash CS5 图形绘制/绘制展开的扇子.swf"文件。通过预览了解本案例的最终效果。本案例主要使用 Flash CS5 的矩形工具、椭圆工具、【变形】浮动面板、元件转换、图片分离等制作扇子效果。通过该案例的学习，使学生熟练掌握 Flash CS5 中各种工具的使用方法和技巧。

二、本案例画面效果及制作步骤(流程)分析

案例画面效果如下：

案例制作的大致步骤：

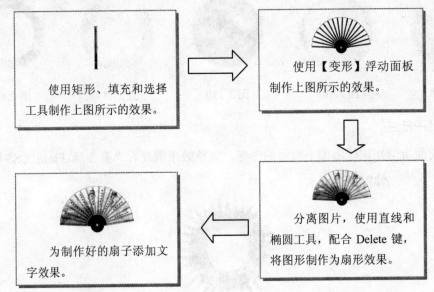

使用矩形、填充和选择
工具制作上图所示的效果。

使用【变形】浮动面板
制作上图所示的效果。

分离图片，使用直线和
椭圆工具，配合 Delete 键，
将图形制作为扇形效果。

为制作好的扇子添加文
字效果。

三、详细操作步骤

步骤 1： 运行 Flash 8.0，新建一个文件，将其命名为"扇子"。

步骤 2： 单击 ▢(矩形)工具，在舞台中绘制一个矩形，如图 2.113 所示。单击 ▸(选择)工具，按住 Shift 键，将要删除的部分选中，如图 2.114 所示。按 Delete 键，将选中的部分删除，如图 2.115 所示。

步骤 3： 选中如图 2.116 所示的图形，单击 ▢(任意变形)工具，并将旋转控制点移到如图 2.116 所示的位置。在【变形】浮动面板中，将旋转角度设置为 10°，如图 2.117 所示，并连续单击 ▣(复制并应用变形)按钮，得到如图 2.118 所示的图形。

步骤 4： 利用 ▸(选择)工具将如图 2.118 所示的图形全部选中，单击 ▢(任意变形)工具，此时图形变成如图 2.119 所示。

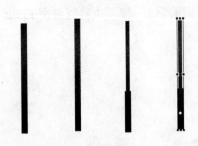

图 2.113 图 2.114 图 2.115 图 2.116   图 2.117   图 2.118   图 2.119

步骤 5： 在【变形】浮动面板中，将旋转角度设置为-90°，如图 2.120 所示，按 Enter 键，得到如图 2.121 所示的图形。

步骤 6： 单击 ◯(椭圆)工具，并将填充色设置为红白放射状，在舞台上绘制一个圆，位置如图 2.122 所示。

图 2.120　　　　　　　　　　图 2.121　　　　　　　　　　图 2.122

步骤 7：单击 (选择)工具，将如图 2.122 所示的图形全部选中，在图像上右击弹出快捷菜单，如图 2.123 所示。单击 转换为元件... 命令，弹出的对话框如图 2.124 所示。设置完成后单击 确定 按钮，将其转换为"图形"元件，如图 2.125 所示。

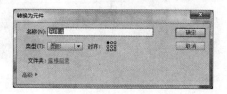

图 2.123　　　　　　　　　　图 2.124　　　　　　　　　　图 2.125

步骤 8：单击 (插入图层)按钮，新建一个空白图层，并将"图层 1"锁定，选中"图层 2"，如图 2.126 所示。

步骤 9：单击 (椭圆)工具，并将填充图层设置为 ，在舞台中绘制一个圆，利用 (选择)工具和 Delete 键，将椭圆变成半圆，如图 2.127 所示。

步骤 10：同上，绘制一个小"半椭圆"，如图 2.128 所示。

图 2.126　　　　　　　　　　图 2.127　　　　　　　　　　图 2.128

步骤 11：单击 (直线)工具，将两个半圆连接起来，如图 2.129 所示。

步骤 12：单击 文件(F) → 导入(I) → 导入到舞台(I)... 命令，弹出【导入】对话框，选择所要导入的图片。导入的图片如图 2.130 所示。

图 2.129   图 2.130

步骤 13：在图片上右击，弹出快捷菜单，如图 2.131 所示，在快捷菜单中单击 分离 命令，如图 2.132 所示。

步骤 14：在扇圆外的图片上单击，选中扇圆外的图片，按 Delete 键，得到如图 2.133 所示的图形。

图 2.131   图 2.132   图 2.133

步骤 15：在"图层 2"上单击，选中"图层 2"，在图形上右击，在快捷菜单中单击 转换为元件... 命令，弹出【转换为元件】对话框，具体设置如图 2.134 所示。单击 确定 按钮，得到如图 2.135 所示的图形。

图 2.134   图 2.135

步骤 16：单击 (选择)工具，然后单击"图层 2"选中美女图片。在【属性】浮动面板中单击 样式 右边的 按钮，弹出如图 2.136 所示的下拉菜单，从中选择 Alpha 选项。【属性】面板的最终设置如图 2.137 所示，图形效果如图 2.138 所示。

图 2.136

图 2.137

图 2.138

步骤 17： 单击 **A**(文字)工具，在舞台中输入文字，效果如图 2.139 所示。

图 2.139

四、举一反三

使用前面所学知识绘制如下所示的图形，完整效果请观看"第 2 章 Flash CS5 图形绘制/绘制展开的扇子练习.swf"文件。

2.3.2 案例七：绘制友情贺卡

一、案例效果预览

案例效果见本书提供的"第 2 章 Flash CS5 图形绘制/绘制友情贺卡.swf"文件。通过预览了解本案例的最终效果。本案例主要使用 Flash CS5 的矩形工具、椭圆工具、渐变工具、刷子工具和选择工具绘制友情贺卡。通过该案例的学习，使学生熟练掌握 Flash CS5 中各种工具制作贺卡效果的方法和技巧。

二、本案例画面效果及制作步骤(流程)分析

案例画面效果如下:

案例制作的大致步骤:

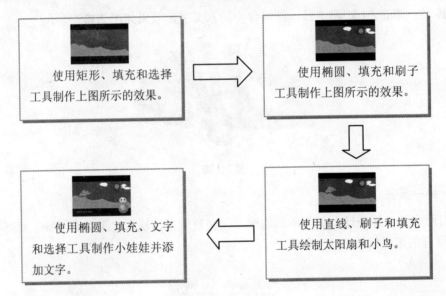

使用矩形、填充和选择工具制作上图所示的效果。 → 使用椭圆、填充和刷子工具制作上图所示的效果。

使用椭圆、填充、文字和选择工具制作小娃娃并添加文字。 ← 使用直线、刷子和填充工具绘制太阳扇和小鸟。

三、详细操作步骤

步骤 1: 新建一个文件,命名为"友情贺卡.fla",在【属性】浮动面板中设置文件大小为 600×400。

步骤 2: 单击▢(矩形)工具,并在【属性】浮动面板中设置填充色为 ▨ ▮(紫色),在舞台上绘制一个矩形,如图 2.140 所示。

步骤 3: 将矩形的填充色设置为黑色,在舞台上再绘制一个矩形,大小、位置如图 2.141 所示。

步骤 4: 将矩形的填充色设置为浅黄色,在舞台上绘制一个矩形,并进行适当的变形调整,大小、位置、样式如图 2.142 所示。

图 2.140   图 2.141   图 2.142

步骤 5：单击 🖿(新建图层)按钮，此时将新建一个"图层 2"，将"图层 2"移到"图层 1"下面，如图 2.143 所示。

步骤 6：将矩形的填充色 🔲设置为蓝色，选中"图层 2"，在舞台上再绘制一个矩形，如图 2.144 所示。

步骤 7：单击 ✏️(铅笔)工具，并将笔触颜色设置为深黄色，选中"图层 1"，在舞台上绘制不规则的小圈，效果如图 2.145 所示。

图 2.143

图 2.144

图 2.145

步骤 8：单击 🖿(新建图层)按钮，此时将新建一个"图层 3"，并将图层 3 重命名为"云太阳"，选中该图层，如图 2.146 所示。

步骤 9：利用 ⭕(椭圆)工具和 ✏️(铅笔)工具在舞台上绘制云和太阳，大小、位置、颜色如图 2.147 所示。

步骤 10：单击 🖿(新建图层)按钮，此时将新建一个图层，将图层重命名为"太阳伞"，并选中该图层，如图 2.148 所示。

图 2.146

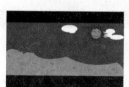

图 2.147

图 2.148

步骤 11：利用 🖌️(刷子)工具、✏️(直线)工具和 🪣(填充)工具，绘制太阳伞和鸟，如图 2.149 所示。

步骤 12：单击 🖿(新建图层)按钮，此时将新建一个图层，将图层重命名为"小娃娃"并选中该图层，如图 2.150 所示。

步骤 13：利用 ⭕(椭圆)工具、🪣(填充)工具和 ▷(选择)工具绘制小娃娃，如图 2.151 所示。

图 2.149

图 2.150

图 2.151

步骤 14：单击 🖿(新建图层)按钮，此时将新建一个图层，将图层重命名为"文字"并选中该图层，如图 2.152 所示。

步骤 15：单击^T(文字)工具，在舞台中输入文字"祝君永远开心快乐"，如图 2.153 所示。

图 2.152

图 2.153

四、举一反三

使用前面所学知识绘制如下所示的图形，完整效果请观看"第 2 章 Flash CS5 图形绘制/绘制友情贺卡练习.swf"文件。

2.3.3 案例八：绘制小鸟

一、案例效果预览

案例效果见本书提供的"第 2 章 Flash CS5 图形绘制/绘制小鸟.swf"文件。通过预览了解本案例的最终效果。本案例主要使用 Flash CS5 的选择工具、铅笔工具和颜料桶工具绘制一只小鸟。通过该案例的学习，使学生熟练掌握使用 Flash CS5 中的简单工具绘制复杂图案效果的方法和技巧。

二、本案例画面效果及制作步骤(流程)分析

案例画面效果如下：

案例制作的大致步骤：

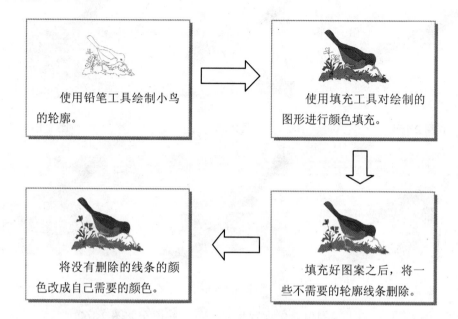

三、详细操作步骤

步骤 1：运行 Flash CS5，新建一个名为"绘制小鸟"的文件。

步骤 2：单击 （铅笔)工具，设置【铅笔】工具的颜色为纯黑色。【属性】浮动面板的设置如图 2.154 所示。

步骤 3：在舞台中用 （铅笔)工具绘制如图 2.155 所示的图形。

图 2.154

图 2.155

步骤 4：单击 （颜料桶)工具，将填充色设置为灰色，并填充如图 2.156 所示的部分。

步骤 5：将颜料桶工具的填充色设置为绿色，并填充如图 2.157 所示的部分。

步骤 6：将颜料桶工具的填充色设置为黄色，并填充如图 2.158 所示的部分。

步骤 7：将颜料桶工具的填充色设置为浅黄色，并填充如图 2.159 所示的部分。

步骤 8：将颜料桶工具的填充色设置为浅灰色，并填充如图 2.160 所示的部分。

步骤 9：将颜料桶工具的填充色设置为深绿色，并填充如图 2.161 所示的部分。

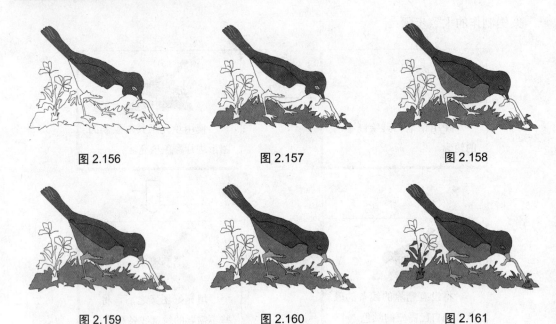

图 2.156 图 2.157 图 2.158

图 2.159 图 2.160 图 2.161

步骤 10：将颜料桶工具的填充色设置为粉红色，并填充如图 2.162 所示的部分。

步骤 11： 将颜料桶工具的填充色设置为黑色，并填充如图 2.163 所示的眼睛部分。

步骤 12： 将不要的线条利用【选择】工具并按住 Shift 键进行选中，按 Delete 键将其删除，如图 2.164 所示。

图 2.162 图 2.163 图 2.164

步骤 13： 将没有删除的部分线改为浅灰色，如图 2.165 所示。

步骤 14： 再将另一部分线改为深绿色，如图 2.166 所示。

图 2.165

图 2.166

四、举一反三

使用前面所学知识绘制如下所示的图形，完整效果请观看"第 2 章 Flash CS5 图形绘制/绘制小鸟练习.swf"文件。

2.3.4　案例九：绘制蝴蝶

一、案例效果预览

案例效果见本书提供的"第 2 章 Flash CS5 图形绘制/绘制蝴蝶.swf"文件。通过预览了解本案例的最终效果。本案例主要使用 Flash CS5 的选择工具、铅笔工具、颜料桶工具和椭圆绘制一只蝴蝶。通过该案例的学习，使学生熟练掌握使用 Flash CS5 中的简单工具绘制复杂图案效果的方法和技巧。

二、本案例画面效果及制作步骤(流程)分析

案例画面效果如下：

案例制作的大致步骤：

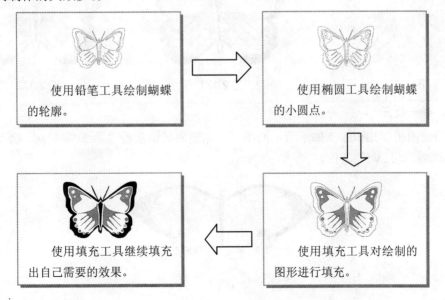

三、详细操作步骤

步骤 1：运行 Flash CS5，新建一个名为"绘制蝴蝶"的文件。

步骤 2：单击 ✏(铅笔)工具，并设置铅笔的颜色为纯黑色，【属性】浮动面板的设置如图 2.167 所示。

步骤 3：在舞台中绘制如图 2.168 所示的图形。

步骤 4：单击 ⭕(椭圆)工具，并设置填充色为 ◇ ▱，在如图 2.168 所示的图上绘制椭圆，如图 2.169 所示。

图 2.167

图 2.168

图 2.169

步骤 5：单击 ◇(颜料桶)工具，并设置填充色 ◇ ▭ 为黄色，填充图形效果如图 2.170 所示。

步骤 6：单击 ◇(颜料桶)工具，并设置填充色 ◇ ▬ 为纯黑色，填充图形效果如图 2.171 所示。

步骤 7：单击 ◇(颜料桶)工具，并设置填充色 ◇ ▭ 为黄色，填充图形效果如图 2.172 所示。

图 2.170

图 2.171

图 2.172

四、举一反三

使用前面所学知识绘制如下所示的图形，完整效果请观看"第 2 章 Flash CS5 图形绘制/绘制蝴蝶练习.swf"文件。

2.3.5 案例十：绘制漫画人物

一、案例效果预览

案例效果见本书提供的"第 2 章 Flash CS5 图形绘制/绘制漫画人物.swf"文件。通过预览了解本案例的最终效果。本案例主要使用 Flash CS5 的渐变工具、填充工具、铅笔工具、刷子工具和颜料桶填充工具绘制动漫画人物。通过该案例的学习，使学生熟练掌握使用 Flash CS5 中的简单工具绘制动漫人物的方法和技巧。

二、本案例画面效果及制作步骤(流程)分析

案例画面效果如下：

案例制作的大致步骤：

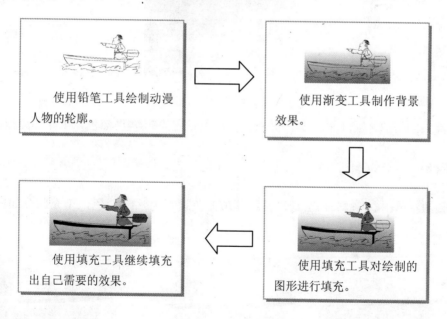

使用铅笔工具绘制动漫人物的轮廓。

使用渐变工具制作背景效果。

使用填充工具对绘制的图形进行填充。

使用填充工具继续填充出自己需要的效果。

三、详细操作步骤

步骤 1：运行 Flash CS5 ，新建一个名为"绘制漫画人物.fla"的文件。

步骤 2：单击 (铅笔)工具，铅笔的【属性】浮动面板设置为如图 2.173 所示。

步骤 3：在舞台中绘制如图 2.174 所示的图形。

图 2.173   图 2.174

步骤 4：单击时间轴左下角的⬜(新建图层)按钮，此时将插入一个新图层，将其移到"图层 1"下面，并将其选中，如图 2.175 所示。

步骤 5：单击⬜(矩形)工具，设置填充色为⬛(由白到蓝渐变)，在舞台中绘制一个渐变矩形，如图 2.176 所示。

步骤 6：在矩形选中的情况下，单击⬛(任意变形)工具，将鼠标指针放到将要做任意变形的矩形的任意角上，此时的鼠标指针变成一个弧形的单箭头，将其旋转，如图 2.177 所示。

图 2.175   图 2.176   图 2.177

步骤 7：单击⬛(颜料桶)工具，并将其填充色设置为⬛纯黑色，填充部分如图 2.178 所示。

步骤 8：单击⬛(颜料桶)工具，并将其填充色设置为⬜浅蓝色，填充部分如图 2.179 所示。

步骤 9：单击⬛(颜料桶)工具，并将其填充色设置为⬜蓝色，填充部分如图 2.180 所示。

图 2.178   图 2.179   图 2.180

步骤 10：单击⬛(颜料桶)工具，并将其填充色设置为⬛红色，填充部分如图 2.181 所示。

步骤 11：单击⬛(颜料桶)工具，并将其填充色设置为⬜浅黄色，填充部分如图 2.182 所示。

图 2.181

图 2.182

四、举一反三

　　使用前面所学知识绘制如下所示的图形，完整效果请观看"第 2 章 Flash CS5 图形绘制/绘制动漫人物练习.swf"文件。

2.3.6　案例十一：绘制美女

一、案例效果预览

　　案例效果见本书提供的"第 2 章 Flash CS5 图形绘制/绘制美女.swf"文件。通过预览了解本案例的最终效果。本案例主要使用 Flash CS5 的铅笔工具和颜料桶填充工具绘制美女。通过该案例的学习，使学生熟练掌握使用 Flash CS5 中的简单工具绘制美女的方法和技巧。

二、本案例画面效果及制作步骤(流程)分析

　　案例画面效果如下：

案例制作的大致步骤：

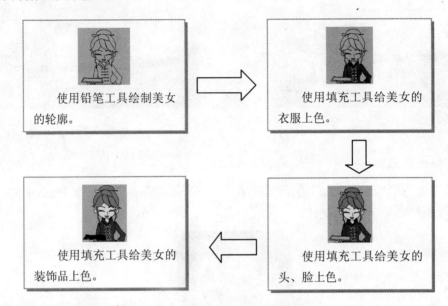

使用铅笔工具绘制美女的轮廓。

使用填充工具给美女的衣服上色。

使用填充工具给美女的装饰品上色。

使用填充工具给美女的头、脸上色。

三、详细操作步骤

步骤 1： 运行 Flash CS5，新建一个名为"绘制美女.fla"的文件，并设置背景色为浅蓝色。

步骤 2： 单击 ✐(铅笔)工具，铅笔的【属性】浮动面板设置为如图 2.183 所示。

步骤 3： 在舞台中绘制如图 2.184 所示的图形。

图 2.183

图 2.184

步骤 4： 设置铅笔的颜色为白色，绘制图形如图 2.185 所示。

步骤 5： 单击 ◇(颜料桶)工具，并将其填充色设置为 ◇ ▇，填充部分如图 2.186 所示。

步骤 6： 单击 ◇(颜料桶)工具，并将其填充色设置为 ◇ ▢，填充部分如图 2.187 所示。

步骤 7： 单击 ◇(颜料桶)工具，并将其填充色设置为 ◇ ▢，填充部分如图 2.188 所示。

图 2.185

图 2.186

图 2.187

图 2.188

步骤 8：单击 (颜料桶)工具，并将其填充色设置为 ，填充部分如图 2.189 所示。

步骤 9：单击 (颜料桶)工具，并将其填充色设置为 ，填充部分如图 2.190 所示。

步骤 10：单击 (颜料桶)工具，并将其填充色设置为 ，填充部分如图 2.191 所示。

步骤 11：单击 (颜料桶)工具，并将其填充色设置为 ，填充部分如图 2.192 所示。

图 2.189

图 2.190

图 2.191

图 2.192

四、举一反三

使用前面所学知识绘制如下所示的图形，完整效果请观看"第 2 章 Flash CS5 图形绘制/绘制美女练习.swf"文件。

第 **3** 章　Flash CS5 文字特效

知识点:

1. Flash 文字基础知识
2. 浮雕文字
3. 渐变文字
4. 图案变化文字
5. 立体文字
6. 变心文字
7. 文字的淡出淡入
8. 飘落文字效果
9. 变色变形文字
10. 环形旋转特效文字
11. 跳动的文字效果
12. 遮罩文字效果
13. 辉光特效文字
14. 蝴蝶图片与文字
15. 幻影文字效果
16. 变色文字

说明:

本章主要通过 15 个 Flash 文字制作案例, 全面讲解 Flash CS5 制作动态文字的方法、步骤与技巧, 通过这些例子的学习并举一反三, 就可以制作出其他文字特效。

教学建议课时数:

一般情况下需 16 课时, 其中理论 6 课时、实际操作 10 课时(根据特殊情况可做相应调整)。

3.1　Flash 文字基础知识

Macromedia Flash CS5 提供多种文本功能和选项。这里主要介绍 3 种可添加到文档中的主要文本类型。用户可以为文档中的标题、标签或其他文本内容添加静态文本，也可以使用【输入文本】选项，以允许观众与 Flash 应用程序进行交互。例如，在表单中输入姓名或者其他信息。第 3 种文本类型是动态文本。动态文本字段可以显示根据用户指定的条件变化的文本。例如，可以使用动态文本来添加存储在其他文本字段中的值，例如两个数字的和。

3.1.1　设置工作区

双击桌面上的▦(Flash CS5 快捷启动)图标，弹出窗口，在窗口中单击▦ ActionScript 2.0 选项，新建一个 Flash 文档。

设置【属性】浮动面板，具体设置如图 3.1 所示。

3.1.2　创建不断加宽的文本块

操作步骤如下。

(1) 单击工具箱中的 **T**(文字)工具，此时【属性】面板变成如图 3.2 所示。

(2) 设置要输入的文本的文字类型、字体、大小、颜色等属性，具体设置如图 3.3 所示。

(3) 在工作区中要输入文本的地方单击，此时鼠标指针如图 3.4 所示。

图 3.1

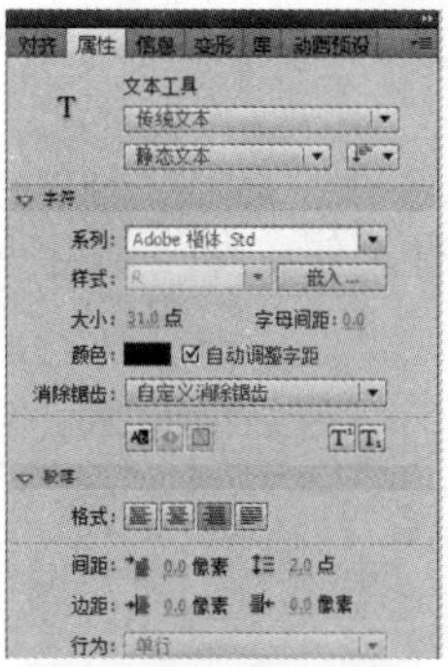

图 3.2　　　　　　　　图 3.3

图 3.4

(4) 输入"Flash CS5 动画设计"，效果如图 3.5 所示。

Flash CS5 动画设计

图 3.5

提示：如果要输入两行文字时，可在输入完第一行文字之后按 Enter 键，继续输入要输入的文字。

3.1.3 创建宽度固定的文本块

除了创建一行在输入时不断加宽的文本块以外，还可以创建宽度固定的文本块。具体操作方法如下。

(1) 单击工具箱中的 T (文字)工具，【属性】浮动面板的设置如图 3.6 所示。

(2) 在工作区中拖动鼠标，此时在工作区中拖出一个文本输入框，如图 3.7 所示。

(3) 在文本框中输入"中国职业教育是我国教育发展的必然趋势"，如图 3.8 所示。

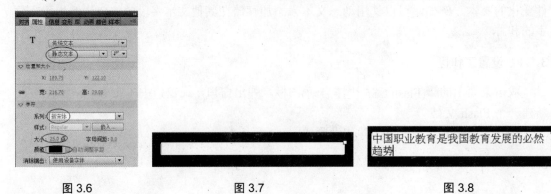

| 图 3.6 | 图 3.7 | 图 3.8 |

注意： 用户可以通过拖动文本块的方法来控制块的宽度。另外，还可通过双击方形控制块来将它转换为圆形扩展控制块。在输入文本时，若所输入的内容超出文本框的宽度，Flash 会自动换行。

3.1.4 编辑文本和更改字体属性

当对所输入的文本不满意时，可以对它进行编辑，如更改字体。方法很简单，具体操作方法如下。

(1) 单击工具箱中的 (选择)工具，再单击需要编辑的文本，此时【属性】浮动面板会显示文本以前的属性设置。

(2) 根据需要设置文本属性即可。

3.1.5 添加输入文本字段

使用输入文本字段可以允许观众与 Flash 应用程序进行交互。例如，使用输入文本字段，可以方便地创建表单。

(1) 使用前面所学知识，在工作区输入如图 3.9 所示的静态文本。

(2) 单击 T (文字)工具，设置【属性】浮动面板如图 3.10 所示。

(3) 分别在图 3.9 中的文字右边拖动鼠标，拖出一个文本框，最终效果如图 3.11 所示。

图 3.9　　　　　　　　　　图 3.10　　　　　　　　　　图 3.11

(4) 按 Ctrl+Shift+Enter 组合键，进入测试状态，如图 3.12 所示。

(5) 在右边的输入框中输入所需要的文本，最终效果如图 3.13 所示。

图 3.12　　　　　　　　　　　　　　　图 3.13

3.1.6　复制文本字段

有时候要输入的文本特别长，为了加快速度，可以使用复制和粘贴的方法来输入文本，具体方法如下。

(1) 选择要复制的文本，按 Ctrl+C 组合键。

(2) 回到 Flash 文档中，单击工具箱中的 ▶(文字)工具，设置好【属性】面板，在需要粘贴文字的地方用鼠标拖出一个文本框，再按 Ctrl+V 组合键。

(3) 选中刚粘贴的文字，设置文字【属性】面板即可。

3.1.7　为文本字段指定实例名称

舞台上的输入文本字段是 ActionScript TextField 对象的实例，用户可以给它应用属性和方法。用户最好给文本字段实例命名，这样其他处理该项目的人员就能够在 ActionScript 中引用该实例。给文本字段指定实例名称的方法如下。

(1) 选中要指定实例的文本。

(2) 在文本【属性】浮动面板的 实例名称 处输入所取的实例名称即可。

提示：只有输入文本和动态文本才能指定实例名称。

3.1.8 创建动态文本字段

在运行时，动态文本可以显示外部来源中的文本。可以创建一个链接，以链接到外部文本文件的动态文本字段。动态文本字段创建的具体方法，本书后面将用详细的例子进行讲解。

3.1.9 测试 SWF 文件

(1) 单击 文件(F) → 保存(S)　　　　Ctrl+S 命令，保存文件。然后单击 控制(O) → 测试影片(T) → 测试(T) 命令进行测试。

(2) 在输入文本字段中输入文本。

(3) 测试完该文件后，关闭 SWF 文件窗口。

3.2　静　态　文　字

3.2.1 案例一：浮雕文字

一、案例效果预览

案例效果见本书提供的"第 3 章 Flash CS5 文字特效/浮雕文字.swf"文件。通过预览了解本案例的最终效果。本案例主要使用 Flash CS5 的文字工具、分离命令、图像叠放的顺序改变和扩展填充命令制作一个简单的浮雕文字。通过该案例的学习，使学生掌握文字工具的基本使用方法。

二、本案例画面效果及制作步骤(流程)分析

案例画面效果如下：

艺术与人生

案例制作的大致步骤：

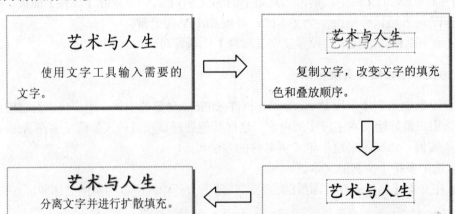

三、详细操作步骤

步骤 1： 双击 📇(Flash CS5 快捷图标)，弹出 Flash CS5 欢迎界面，单击 📇 ActionScript 2.0 图标，新建一个空白文档。

步骤 2： 保存文档为"浮雕文字.fla"。

步骤 3： 单击 **T** (文字)工具，在舞台中央输入"艺术与人生"文字，文字【属性】面板的设置如图 3.14 所示，文字效果如图 3.15 所示。

图 3.14

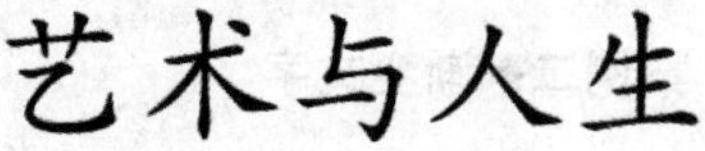

艺术与人生

图 3.15

步骤 4： 选中"艺术与人生"文字，按 Ctrl+C 键复制文字，再按 Ctrl+V 键将当前文字粘贴到舞台上，如图 3.16 所示。

步骤 5： 设置所复制文字的颜色为"黄色"，效果如图 3.17 所示。

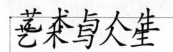

图 3.16

图 3.17

步骤 6： 在灰色的文字上右击，弹出快捷菜单，单击 下移一层(E) 命令，如图 3.18 所示。

步骤 7： 单击 ▶(选择)工具，移动黄色文字，并配合键盘上的上下左右移动键，对文字进行微调，调整后的最终位置如图 3.19 所示。

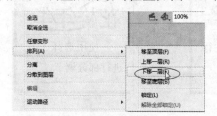

图 3.18

艺术与人生

图 3.19

步骤 8： 单击 修改(M) → 分离(K) 命令，将文字分离成单个的文字。

步骤 9： 重复第 7 步，再将单个的文字分离成矢量图形。

步骤 10： 单击 修改(M) → 形状(P) → 扩展填充(E)... 命令，弹出【扩展填充】对话框，按如图 3.20 所示设置。单击 确定 按钮，得到如图 3.21 所示的图形。

图 3.20 图 3.21

四、举一反三

使用前面所学知识绘制如下所示的图形，完整效果请观看"第 3 章 Flash CS5 文字特效/浮雕文字练习.swf"文件。

3.2.2 案例二：渐变文字

一、案例效果预览

案例效果见本书提供的"第 3 章 Flash CS5 文字特效/渐变文字.swf"文件。通过预览了解本案例的最终效果。本案例主要使用 Flash CS5 的选择工具、文字工具、填充工具和颜色浮动面板的渐变设置制作一个简单的渐变文字。通过该案例的学习，使学生掌握各种渐变文字的制作方法。

二、本案例画面效果及制作步骤(流程)分析

案例画面效果如下：

案例制作的大致步骤：

三、详细操作步骤

步骤 1：启动 Flash CS5，新建一个文档，命名为"渐变文字效果.fla"。
步骤 2：单击 T(文字)工具，在舞台上输入"花样年华"文字，如图 3.22 所示。

图 3.22

步骤 3：单击 修改(M) → 分离(K) 命令，将文字分离成单个的文字。

步骤 4：重复第 3 步，再将单个的文字分离成矢量图形。

步骤 5：单击 △(颜料桶)工具，并将填充色设置为 ▥(渐变)。

步骤 6：【颜色】浮动面板的设置如图 3.23 所示，所获得的效果如图 3.24 所示。

步骤 7：单击 ▶(选择)工具，对文字进行调节，最终效果如图 3.25 所示

图 3.23　　　　　　　　　图 3.24　　　　　　　　　图 3.25

四、举一反三

使用前面所学知识绘制如下所示的图形，完整效果请观看"第 3 章 Flash CS5 文字特效/渐变文字练习.swf"文件。

　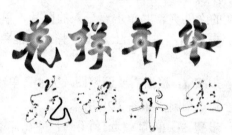

3.2.3　案例三：图案变化文字

一、案例效果预览

案例效果见本书提供的"第 3 章 Flash CS5 文字特效/图案变化文字.swf"文件。通过预览了解本案例的最终效果。本案例主要使用 Flash CS5 的文字工具、图片导入、分离命令、遮罩、创建传统补间动画、元件的装换、动画方式的设置等制作一个简单的图案变化文字效果。通过该案例的学习，使学生掌握遮罩和动画方式的设置。

二、本案例画面效果及制作步骤(流程)分析

案例画面效果如下：

图案文字　图案文字　图案文字

案例制作的大致步骤：

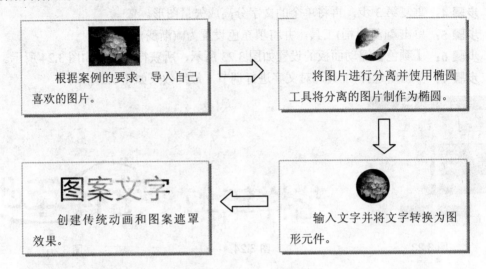

根据案例的要求，导入自己喜欢的图片。

将图片进行分离并使用椭圆工具将分离的图片制作为椭圆。

输入文字并将文字转换为图形元件。

图案文字

创建传统动画和图案遮罩效果。

三、详细操作步骤

步骤 1：运行 Flash CS5，新建一个名为"图案变化文字.fla"的文件。

步骤 2：单击 文件(F) → 导入(I) → 导入到舞台(I) Ctrl+R 命令，弹出一个文件导入对话框，选择图片所在的文件夹，并单击要导入的图片，单击 打开(O) 按钮，得到如图 3.26 所示的图片。

步骤 3：在图片上右击，弹出快捷菜单，如图 3.27 所示，单击 分离 命令，如图 3.28 所示。

步骤 4：根据需要调整图片大小，单击 ○(椭圆)工具，并将填充色设置为 ，在图片上绘制一个圆，如图 3.28 所示。

步骤 5：单击 (选择)工具，并在如图 3.28 所示的圈外单击选中该图片圈外的部分，按 Delete 键，将圈外的图片删除，如图 3.29 所示。

图 3.26   图 3.27   图 3.28   图 3.29

步骤 6：单击 (新建图层)按钮，插入一个新的图层，并选择该图层，如图 3.30 所示。

步骤 7：单击 T(文字)工具，在舞台中输入文字，文字面板的属性设置如图 3.31 所示，文字形状如图 3.32 所示。

图 3.30　　　　　　　　图 3.31　　　　　　　　图 3.32

步骤 8：单击 (选择)工具，并在图片上双击，选中图片和外圈，然后在图片上右击，弹出如图 3.33 所示的快捷菜单，单击 转换为元件…… 命令，弹出如图 3.34 所示的对话框，按如图 3.34 所示设置，并单击 确定 按钮。将该分离图片转换为图形元件。

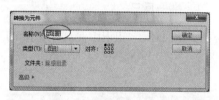

图 3.33　　　　　　　　　　　　图 3.34

步骤 9：在图层 1 的 30 帧处右击，弹出如图 3.35 所示的快捷菜单，单击 插入关键帧 命令，插入一个关键帧，如图 3.36 所示。

步骤 10：在图层 2 的 30 帧处右击，弹出快捷菜单，单击 插入帧 命令，图层样式如图 3.37 所示。

步骤 11：在图层 1 的 1 至 29 帧中的任意处右击，弹出快捷菜单，单击 创建传统补间 命令。图层样式如图 3.38 所示。补间动画的【属性】面板设置如图 3.39 所示。

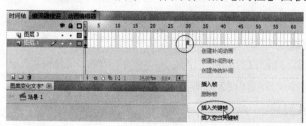
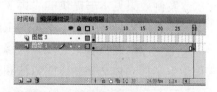

图 3.35　　　　　　　　　　　　图 3.36

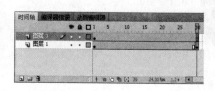

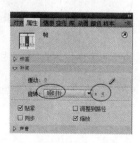

图 3.37　　　　　　　　图 3.38　　　　　　　　图 3.39

步骤 12： 在图层 2 上右击，弹出快捷菜单，如图 3.40 所示，单击 `遮罩层` 命令，图层样式如图 3.41 所示，效果如图 3.42 所示。

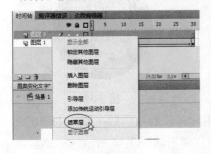

图 3.40   图 3.41   图 3.42

四、举一反三

使用前面所学知识绘制如下所示的图形，完整效果请观看"第 3 章 Flash CS5 文字特效/图案变化文字练习.swf"文件。

提示：将文字分离，再单击 `修改(M)` → `形状(P)` → `柔化填充边缘(F)` 命令，弹出对话框，并进行设置，然后单击【确定】按钮，再利用【选择】工具，选中文字中要删除的部分。其余的步骤参考案例三。

3.2.4 案例四：立体文字

一、案例效果预览

案例效果见本书提供的"第 3 章 Flash CS5 文字特效/立体文字.swf"文件。通过预览了解本案例的最终效果。本案例主要使用 Flash CS5 的文字工具、直线工具、颜料桶工具、渐变填充浮动面板和柔化填充边缘来制作一个简单的立体文字效果。通过该案例的学习，使学生掌握立体文字制作的方法和技巧。

二、本案例画面效果及制作步骤(流程)分析

案例画面效果如下：

案例制作的大致步骤：

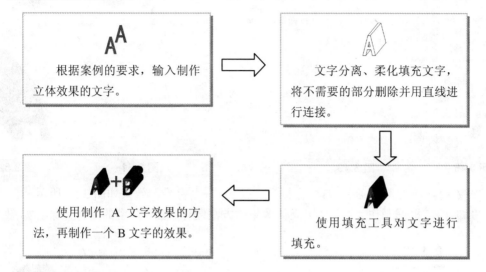

三、详细操作步骤

步骤 1：启动 Flash CS5，新建一个名为"立体文字.fla"的文件。

步骤 2：单击 T(文字)工具，在舞台上输入"A"文字，文字大小如图 3.43 所示。

步骤 3：利用 ▶(选择)工具选中文字，按 Ctrl+C 键复制，按 Ctrl+V 键将文字粘贴到舞台上，位置如图 3.44 所示。

步骤 4：单击 ▶(选择)工具，按住鼠标左键从舞台的左上角到右下角画一框，此时将选中这两个文字，如图 3.45 所示。

步骤 5：在被选中的文字上右击，弹出快捷菜单，单击 分离 命令，将文字分离，效果如图 3.46 所示。

步骤 6：单击 修改(M) → 形状(P) → 柔化填充边缘(F)... 命令，弹出如图 3.47 所示的对话框。

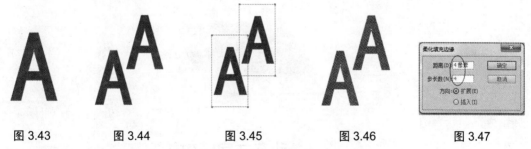

| 图 3.43 | 图 3.44 | 图 3.45 | 图 3.46 | 图 3.47 |

步骤 7：对话框的设置如图 3.47 所示，单击 确定 按钮，得到如图 3.48 所示的文字效果。

步骤 8：单击 ▶(选择)工具，结合 Shift 键，将需要删除的部分文字选中，再按 Delete 键，将不需要的部分删除，效果如图 3.49 所示。

步骤 9：单击 ＼(直线)工具，将如图 3.50 所示的文字连接起来，如图 3.51 所示。

步骤 10：根据透视原理将被遮住的线删除，效果如图 3.51 所示。

步骤 11：单击 （颜料桶)工具，根据需要设置填充渐变色，并填充文字，效果如图 3.52 所示。

图 3.48　　　　图 3.49　　　　图 3.50　　　　图 3.51　　　　图 3.52

步骤 12：单击 T (文字)工具，在舞台上输入"+"符号，效果如图 3.53 所示。

步骤 13：根据制作"A"文字立体效果的方法制作"B"文字的立体效果，如图 3.54 所示。

图 3.53　　　　　　　　　　图 3.54

四、举一反三

使用前面所学知识绘制如下所示的图形，完整效果请观看"第 3 章 Flash CS5 文字特效/立体文字练习.swf"文件。

3.3　动态文字特效

3.3.1　案例五：变心文字

一、案例效果预览

案例效果见本书提供的"第 3 章 Flash CS5 文字特效/变心文字.swf"文件。通过预览了解本案例的最终效果。本案例主要使用 Flash CS5 的椭圆工具、文字工具、柔化填充边缘和创建形状动画命令来制作一个动态的变心文字效果。通过该案例的学习，使学生掌握形状动画制作的方法和技巧。

二　本案例画面效果及制作步骤(流程)分析

案例画面效果如下：

案例制作的大致步骤：

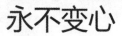

根据案例的要求，输入文字。　　　　　　文字分离、使用选择工具对分离文字进行调整。

输入文字并使用选择工具进行调节。　　　　　　使用柔化填充命令进行填充。

三、详细操作步骤

步骤 1： 运行 Flash CS5，新建一个名为"变心文字.fla"的文件。

步骤 2： 单击 T(文字)工具，在舞台上输入"永不变心"文字，文字【属性】面板的设置如图 3.55 所示，文字效果如图 3.56 所示。

步骤 3： 单击 (选择)工具，选中刚输入的文字，在文字上右击，弹出快捷菜单，单击 分离 命令，将文字分离成单个文字，如图 3.57 所示。

图 3.55　　　　　　　　　　　图 3.56　　　　　　　　　　　图 3.57

步骤 4：再在文字上右击，在弹出的快捷菜单中单击[分离]命令，将文字分离成矢量图，使用 [选择]工具调整文字形状，如图 3.58 所示。

步骤 5：在"图层 1"的 30 帧处右击，在弹出的快捷菜单中单击[插入关键帧]命令，此时将在 30 帧处插入关键帧，如图 3.59 所示。

步骤 6：单击[椭圆]工具，在 30 帧处绘制一个圆，并将文字删除，单击 [选择]工具，将椭圆调整成一个心形，如图 3.60 所示。

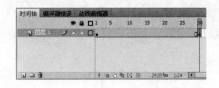

图 3.58　　　　　　　　　　　图 3.59　　　　　　　　　　　图 3.60

步骤 7：在"图层 1"的 60 帧处右击，在弹出的快捷菜单中，单击[插入关键帧]命令，此时将在 60 帧处插入一个关键帧。

步骤 8：单击[修改(M)] → [形状(P)] → [柔化填充边缘(F)...]命令，弹出对话框，对话框的设置如图 3.61 所示，单击[确定]按钮，得到如图 3.62 所示的文字效果。

步骤 9：重复步骤 8，得到如图 3.63 所示的效果。

步骤 10：在图层 1 的 70 帧处右击，弹出快捷菜单，在弹出的快捷菜单中单击[插入帧]命令，此时在 60 帧至 70 帧处插入了 10 帧普通帧。

步骤 11：单击[文字]工具，在舞台上输入"爱心"两个字，使用 [选择]工具调整图形的形状，效果如图 3.64 所示。

图 3.61　　　　　　图 3.62　　　　　　图 3.63　　　　　　图 3.64

步骤 12：单击"图层 1"，将"图层 1"选中，如图 3.65 所示。

步骤 13：在选中的帧上右击，弹出快捷菜单，在弹出的快捷菜单中单击[创建补间形状]命令。【属性】面板设置如图 3.66 所示。

步骤 14：图层效果如图 3.67 所示。按 Ctrl+S 组合键保存文件。

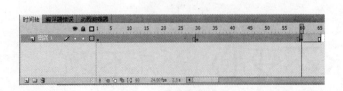

图 3.65　　　　　　　　　　　　　　　　图 3.66

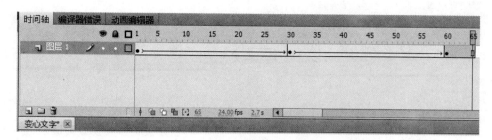

图 3.67

四、举一反三

使用前面所学知识绘制如下所示的图形，完整效果请观看"第 3 章 Flash CS5 文字特效/变心文字练习.swf"文件。

3.3.2　案例六：文字的淡出淡入

一、案例效果预览

案例效果见本书提供的"第 3 章 Flash CS5 文字特效/文字的淡出淡入.swf"文件。通过预览了解本案例的最终效果。本案例主要使用 Flash CS5 的文字工具、选择工具、转换为元件命令、任意变形工具和 Alpha 属性设置来制作文字的淡出淡入效果。通过该案例的学习，使学生掌握淡出淡入文字动画制作的方法和技巧。

二、本案例画面效果及制作步骤(流程)分析

案例画面效果如下：

案例制作的大致步骤：

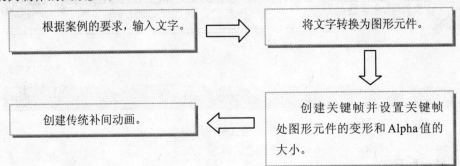

三、详细操作步骤

步骤 1： 运行 Flash CS5，新建一个名为"文字的淡出淡入.fla"的文件。

步骤 2： 单击 T(文字)工具，在舞台上输入"文字的淡出淡入"，如图 3.68 所示。

步骤 3： 将文字转换为图形元件。

步骤 4： 在"图层 1"的 30 帧处右击，在弹出的快捷菜单中单击 插入关键帧 命令，此时在"图层 1"的 30 帧处插入了一个关键帧。

步骤 5： 利用步骤 4 的方法，在"图层 1"的 60 帧处插入一个关键帧。

步骤 6： 单击"图层 1"的第一帧，选中第 1 帧的文字，单击 (任意变形)工具，按住 Shift 键，利用鼠标操作将文字变小，并设置文字【属性】面板的 Alpha 值为如图 3.69 所示，文字效果将如图 3.71 所示。

步骤 7： 单击"图层 1"的 60 帧，选中第 60 帧的文字，单击 (任意变形)工具，按 Shift 键，利用鼠标操作将文字变小，并设置文字【属性】面板的 Alpha 值为如图 3.69 所示，文字效果将如图 3.70 所示。

文字淡出淡入效果

图 3.68

图 3.69

图 3.70

步骤 8： 单击第 60 帧，单击 (任意变形)工具，按 Shift 键，利用鼠标操作将文字变小，并设置文字【属性】面板的 Alpha 值为如图 3.71 所示，文字效果将如图 3.72 所示。

图 3.71

图 3.72

步骤 9：　单击"图层 1"，将图层 1 选中，在图层 1 的第 1～60 帧的任意一帧处右击，从弹出的快捷菜单中单击 创建传统补间 命令，将他们创建补间动画，图层 1 的效果如图 3.73 所示。

步骤 10：补间动画【属性】面板的设置如图 3.74 所示。

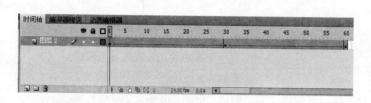

图 3.73　　　　　　　　　　　　　　　　图 3.74

步骤 11：文字效果请观看本书配套素材资源第 3 章的"文字的淡出淡入.swf"文件。

四、举一反三

使用前面所学知识绘制如下所示的图形，完整效果请观看"第 3 章 Flash CS5 文字特效/文字的淡出淡入练习.swf"文件。

3.3.3　案例七：飘落文字效果

一、案例效果预览

案例效果见本书提供的"第 3 章 Flash CS5 文字特效/文字的淡出淡入.swf"文件。通过预览了解本案例的最终效果。本案例主要使用 Flash CS5 的文字工具、选择工具、转换为元件命令、任意变形工具和 Alpha 属性设置来制作文字的漂落效果。通过该案例的学习，使学生掌握飘落文字效果动画制作的方法和技巧。

二、本案例画面效果及制作步骤(流程)分析

案例画面效果如下：

案例制作的大致步骤：

根据案例的要求，输入文字。

将文字分散到单个图层中。

在第 60 帧的位置为各个图层添加关键帧，选中所有图层的第 1 帧的关键帧，并将文字移动到舞台左上角的外面，进行垂直和水平翻转操作。

创建传统补间动画，设置动画属性浮动面板，对各个图层进行错位调整。

三、详细操作步骤

步骤 1：运行 Flash CS5 ，新建一个名为"飘落文字效果.fla"的文件。

步骤 2：在浮动面板中单击【属性】面板中的 按钮，弹出【属性】面板，将背景设置为黑色，【属性】面板的其他设置为如图 3.75 所示。

步骤 3：单击 T(文字)工具，在舞台上输入"飘落文字效果"文字，其大小、位置、颜色如图 3.76 所示。

步骤 4：单击 ▶(选择)工具，将文字选中，在文字上右击，在弹出的快捷菜中单击 命令，将文字分离成单个文字，如图 3.77 所示。

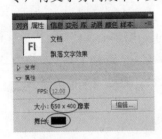

图 3.75　　　　　　　　图 3.76　　　　　　　　图 3.77

步骤 5：单击 修改(M) → 时间轴(M) → 分散到图层(D) 命令，将文字分散到各个图层，图层效果如图 3.78 所示。

步骤 6：单击选中"图层 1"，单击【图层】面板中的 🗑 按钮，将"图层 1"删除，效果如图 3.79 所示。

步骤 7：单击选中"飘"图层的第 40 帧，在按住 Shift 键的同时单击"果"图层的第 40 帧，此时选中所有图层的第 40 帧，效果如图 3.80 所示。

图 3.78　　　　　　　　图 3.79　　　　　　　　　　图 3.80

步骤 8：把鼠标指针移到任意一层的 40 帧上右击，在弹出的快捷菜单中单击 插入关键帧 命令，依此方法在每层的第 40 帧处插入关键帧，图层效果如图 3.81 所示。

步骤 9：单击 ▶(选择)工具，在任意图层的第 1 帧处单击，再在舞台中将所有文字选中，并将文字移动到舞台左上角，如图 3.82 所示。

步骤 10：单击 修改(M) → 变形(T) → 垂直翻转(V) 命令。

步骤 11：单击 修改(M) → 变形(T) → 水平翻转(H) 命令，得到的效果如图 3.83 所示。

图 3.81　　　　　　　　　　图 3.82　　　　　　　　　图 3.83

步骤 12：单击"飘"的第 1 帧，在按住 Shift 键的同时，单击"果"图层的第 40 帧，选中所有图层的前 40 帧，所获得的图层样式如图 3.84 所示。

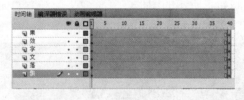

图 3.84

步骤 13：把鼠标指针移到被选中的帧上并右击，在弹出的快捷菜单中单击 创建传统补间 命令，为所有的图层创建补间动画，图层效果如图 3.85 所示。

步骤 14：选中所有图层的第 1 帧，设置【属性】浮动面板，具体设置如图 3.86 所示。

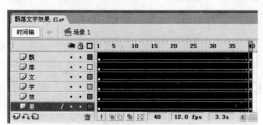
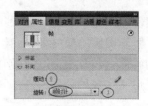

图 3.85　　　　　　　　　　　　　　　图 3.86

步骤 15： 单击 ↖(选择)工具，调整图层的位置，图层效果如图 3.87 所示。

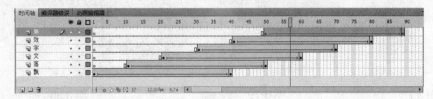

图 3.87

步骤 16： 单击"飘"图层的第 100 帧，在按住 Shift 键的同时单击"果"图层的第 100 帧，此时将选中所有层的第 100 帧，在第 100 帧上右击，在弹出的快捷菜单中单击 插入帧 命令，图层效果如图 3.88 所示。

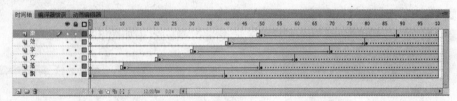

图 3.88

文字效果请观看本书提供的网页下载的素材第 3 章"飘落文字效果.swf"Flash 文件。部分效果如本节"案例效果"中的图所示。

四、举一反三

使用前面所学知识绘制如下所示的图形，完整效果请观看"第 3 章 Flash CS5 文字特效/飘落文字效果练习.swf"文件。

3.3.4　案例八：变色变形文字

一、案例效果预览

案例效果见本书提供的"第 3 章 Flash CS5 文字特效/变色变形文字.swf"文件。通过预览了解本案例的最终效果。本案例主要使用 Flash CS5 的文字工具、渐变填充、选择工具、补间动画命令和分离命令来制作一个变色变形文字效果。通过该案例的学习，使学生掌握变色变形文字效果制作的方法和技巧。

二、本案例画面效果及制作步骤(流程)分析

案例画面效果如下：

案例制作的大致步骤：

```
┌─────────────────────────┐        ┌─────────────────────────┐
│     人生准则              │        │     人生准则              │
│  根据案例的要求，输入文字。  │  ⟹   │  分离文字并进行渐变填充。    │
└─────────────────────────┘        └─────────────────────────┘
```

```
┌─────────────────────────┐        ┌─────────────────────────┐
│    人生准则               │        │    人生准则               │
│  继续使用选择工具和渐变填    │  ⟸   │  使用选择工具和渐变填充工    │
│  充工具进行填充变形调节。    │        │  具进行填充变形调节。        │
└─────────────────────────┘        └─────────────────────────┘
```

三、详细操作步骤

步骤 1：运行 Flash CS5，新建一个名为"变色变形文字.fla"的文件。

步骤 2：单击 (文字)工具，在舞台上输入"人生准则"文字，如图 3.89 所示。

步骤 3：单击 (选择)工具，在输入的文字上右击，在弹出的快捷菜单中单击 分离 命令，将文字分离成单个的文字。再重复使用"分离"命令，将单个文字分离成矢量图形，如图 3.90 所示。

步骤 4：单击 (颜料桶)工具，【颜色】浮动面板设置如图 3.91 所示，此时的文字效果如图 3.92 所示。

人生准则　　人生准则　　　　人生准则

图 3.89　　　　　　图 3.90　　　　　　图 3.91　　　　　　图 3.92

步骤 5：使用 (选择)工具，调整文字形状，最终效果如图 3.93 所示。

步骤 6：在"图层 1"的第 15 帧处右击，在弹出的快捷菜单中单击 插入关键帧 命令，此时在第 15 帧处插入了一个关键帧。调整【颜色】浮动面板的设置如图 3.94 所示。文字填充效果如图 3.95 所示。

步骤 7：使用 ▶(选择)工具，调整文字形状，最终效果如图 3.96 所示。

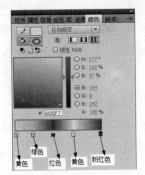

图 3.93　　　　　　图 3.94　　　　　　图 3.95　　　　　　图 3.96

步骤 8：在"图层 1"的第 30 帧处右击，在弹出的快捷菜单中单击 插入关键帧 命令，此时在第 30 帧处插入了一个关键帧。调整【颜色】浮动面板的设置如图 3.97 所示。文字填充效果如图 3.98 所示。

步骤 9：使用 ▶(选择)工具，调整文字形状，最终效果如图 3.99 所示。

图 3.97　　　　　　　　图 3.98　　　　　　　　图 3.99

步骤 10：利用 ▶(选择)工具单击选中"图层 1"，此时图层 1 的效果如图 3.100 所示。在"图层 1"选中的任意一帧上右击，弹出快捷菜单，单击 创建补间形状 命令即可创建补间动画，如图 3.101 所示。

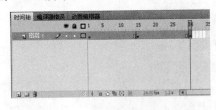

图 3.100　　　　　　　　　　　　图 3.101

步骤 11：完整动画请观看从本书提供的网页下载的素材第 3 章的"变色变形文字.swf"文件。

四、举一反三

使用前面所学知识绘制如下所示的图形，完整效果请观看"第 3 章 Flash CS5 文字特效/变色变形文字练习.swf"文件。

3.3.5　案例九：环形旋转特效文字

一、案例效果预览

案例效果见本书提供的"第 3 章 Flash CS5 文字特效/环形旋转特效文字.swf"文件。通过预览了解本案例的最终效果。本案例主要使用 Flash CS5 的文字工具、引导线、创建补间动画和分离命令来制作环形旋转特效文字效果。通过该案例的学习，使学生掌握引导图层的使用方法和技巧。

二、本案例画面效果及制作步骤(流程)分析

案例画面效果如下：

案例制作的大致步骤：

创建图形元件，使用引导图层创建环形文字动画效果。将环形动画中的普通帧转换为关键帧。

将环形文字分离为单个文字效果并改为自己需要的文字。选中所有文字并复制。

再创建一个新的图形元件，粘贴文字，分离文字并进行填充。利用前面所学知识制作浮雕效果。

创建一个影片剪辑元件，将浮雕环形文字图形元件拖到影片剪辑中，制作旋转动画效果。使用任意变形工具制作透视动画效果。

三、详细操作步骤

1. 创建环形文字图形元件

步骤 1：运行 Flash CS5，新建一个名为"环形旋转特效文字.fla"的文件。

步骤 2：单击浮动面板中的 属性 按钮，在【属性】浮动面板中将背景色设置为黑色，如图 3.102 所示。

步骤 3：单击 插入(I) → 新建元件(N)... Ctrl+F8 命令，弹出【创建新元件】对话框，具体设置如图 3.103 所示。单击 确定 按钮，新建一个图形符号。

图 3.102   图 3.103

步骤 4：在工作区中输入"蓝"字，在"图层 1"的第 24 帧处插入关键帧。在"图层 1"的第 1～24 帧处右击，在弹出的快捷菜单中单击 `创建传统补间` 命令，为图层 1 创建补间动画。

步骤 5：在"图层 1"上右击弹出快捷菜单，在弹出的快捷菜单中单击 `添加传统运动引导层` 命令。创建一个引导层。

步骤 6：单击 ○ (椭圆)工具，将填充色设置为 ▢，在工作区绘制一个圆。

步骤 7：利用 ✐ (橡皮擦)工具，将绘制的椭圆擦出一个缺口，如图 3.104 所示。

步骤 8：单击"图层 1"的第 1 帧，将"蓝"字移到如图 3.105 所示的位置，再单击"图层 1"的第 24 帧，将"蓝"字移到如图 3.106 所示的位置。

图 3.104   图 3.105   图 3.106

步骤 9：在"图层 1"的第 1～24 帧之间右击，在弹出的快捷菜单中单击 `创建传统补间` 命令，创建补间动画。【属性】浮动面板的设置如图 3.107 所示。

步骤 10：在"图层 1"上单击选中整个图层，在选中图层的两个关键帧之间右击，弹出快捷菜单，单击 `转换为关键帧` 命令，将所有过渡帧转换为关键帧，时间轴如图 3.108 所示。

步骤 11：将时间轴上的关键帧隔帧删除两帧，时间轴如图 3.109 所示。

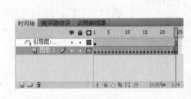

图 3.107   图 3.108   图 3.109

步骤 12：单击图层面板中的 ⬚ (编辑多个帧)按钮，此时的图层面板如图 3.110 所示，文字效果如图 3.111 所示。

步骤 13：在选中的文字上右击，弹出快捷菜单，单击 `分离` 命令，将文字分离成单个文字，如图 3.112 所示。

步骤 14：单击 **T** (文字)工具，将"蓝"修改成自己想要的文字，效果如图 3.113 所示。

步骤 15：将所有修改好的文字全部选中，按 Ctrl+C 键复制文字。

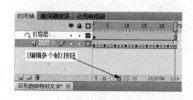

图 3.110

图 3.111

图 3.112

图 3.113

步骤 16：单击 插入(I) → 新建元件(N)...　Ctrl+F8 命令，弹出【创建新元件】对话框，按如图 3.114 所示进行设置。单击 确定 按钮，新建一个新图形符号，再按 Ctrl+V 键将刚复制的文字复制到该符号中。

步骤 17：利用前面所学的知识，给该环形文字制作浮雕效果，效果如图 3.115 所示。

步骤 18：单击图层面板的 场景1 按钮返回场景 1。

2. 创建影片剪辑动画元件

步骤 1：单击 插入(I) → 新建元件(N)...　Ctrl+F8 命令，弹出【创建新元件】对话框，具体设置如图 3.116 所示。单击 确定 按钮，新建一个新影片剪辑符号。

图 3.114

图 3.115

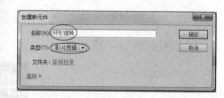

图 3.116

步骤 2：将库中的"图形元件"拖到影片剪辑中。

步骤 3：在"图层 1"的 30 帧处插入关键帧，并选中"图层 1"，如图 3.117 所示。

步骤 4：创建传统补间动画，设置属性面板如图 3.118 所示。

步骤 5：单击【图层】面板的 场景1 按钮，返回场景 1。

步骤 6：将库中的"环行旋转"影片剪辑拖放到舞台上。

步骤 7：利用 (任意变形)工具，对"环行旋转"影片进行变形，最终效果如图 3.119 所示。

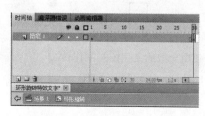

图 3.117

图 3.118

图 3.119

步骤 8：完整动画效果请观看本书提供的网页下载的素材第 3 章的"环行旋转文字特效.swf"Flash 文件。

四、举一反三

使用前面所学知识绘制如下所示的图形，完整效果请观看"第 3 章 Flash CS5 文字特效/环形旋转特效文字练习.swf"文件。

3.3.6 案例十：跳动的文字效果

一、案例效果预览

案例效果见本书提供的"第 3 章 Flash CS5 文字特效/环形旋转特效文字.swf"文件。通过预览了解本案例的最终效果。本案例主要使用 Flash CS5 的文字工具、引导线、创建补间动画和分离命令来制作跳动的文字效果。通过该案例的学习，使学生掌握引导图层的使用方法和技巧。

二、本案例画面效果及制作步骤(流程)分析

案例画面效果如下：

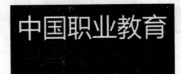

案例制作的大致步骤：

创建一个图形元件并输入如上图所示的文字。

将文字分离成单个文字，再分散到各个图层。

将制作好的影片剪辑元件拖两次到舞台中并调整好位置。将下面的文字进行垂直翻转和 Alpha 值设置即可。

使用分散的文字图层制作传统补间动画，进行图层调整。

三、详细操作步骤

步骤 1： 运行 Flash CS5，新建一个名为"跳动的文字效果.fla"的文件。

步骤 2： 单击 插入(I) → 新建元件(N)...　Ctrl+F8 命令，弹出【创建新元件】对话框，具体设置如图 3.120 所示。单击 确定 按钮，新建一个影片剪辑符号。

步骤 3： 在浮动面板中单击 属性 项，转到【属性】浮动面板。在浮动面板中将舞台背景设置为黑色。

步骤 4： 单击 T(文字)工具，在舞台中输入如图 3.121 所示的文字。

图 3.120　　　　　　　　　　　　　　　　图 3.121

步骤 5： 单击 (选择)工具，在输入的文字上右击，弹出快捷菜单，单击 分离 命令，将文字分离成单个文字。

步骤 6： 再在分离的文字上右击，弹出快捷菜单，单击 分散到图层 命令，将单个文字分散到各个图层，如图 3.122 所示。

步骤 7： 在"图层 1"上单击，选中"图层 1"，然后单击时间轴上的 (删除图层)按钮，将"图层 1"删除，如图 3.123 所示。

步骤 8： 在"中"层的 20 帧处单击，在按住 Shift 键的同时，在"育"图层的第 20 帧处单击，选中所有图层的第 20 帧。

步骤 9： 在任意帧的第 20 帧上右击，弹出快捷菜单，单击 插入关键帧 命令，在第 20 帧处插入一个关键帧。

步骤 10： 使用步骤 9 的方法，在所有图层的第 40 帧处插入一个关键帧，如图 3.124 所示。

　　　　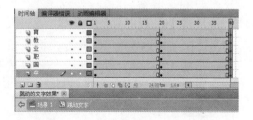

图 3.122　　　　　　图 3.123　　　　　　　　　图 3.124

步骤 11： 选中所有图层的第 20 帧，并将工作区的文字向上移动一段距离，如图 3.125 所示。

步骤 12： 单击"中"层的第一帧，在按住 Shift 键的同时单击"育"图层的第 40 帧，选中所有图层的所有帧，如图 3.126 所示。

图 3.125

图 3.126

步骤 13： 在选中的任意帧上右击，弹出快捷菜单，单击 创建传统补间 命令，创建补间动画，如图 3.127 所示。

步骤 14： 在"国"图层上单击，选中"国"图层的前 40 帧，把鼠标指针放到选中的任意帧上，在按住鼠标左键不放的同时往后移动，最终效果如图 3.128 所示。

图 3.127   图 3.128

步骤 15： 利用第 14 步的方法，调整所有图层，最终效果如图 3.129 所示。

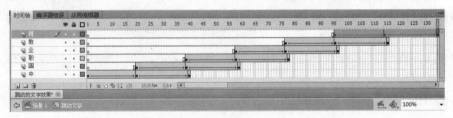

图 3.129

步骤 16： 利用前面的方法，选中所有图层的第 140 帧，并在任意层的第 140 帧上右击，弹出快捷菜单，单击 插入帧 命令，插入帧。

步骤 17： 单击时间轴上的 场景1 按钮，返回场景。

步骤 18： 打开【库】浮动面板，将库中的 跳动文字 拖到舞台中，位置如图 3.130 所示。

步骤 19： 再拖一次，此时舞台上有两个影片剪辑，如图 3.131 所示。

步骤 20： 选择下边的影片剪辑，单击 修改(M)→变形(T)→垂直翻转(V) 命令，并调整文字位置，效果如图 3.132 所示。

步骤 21： 选择下边的影片剪辑，并设置【属性】面板，如图 3.133 所示。

　　图 3.130　　　　　　图 3.131　　　　　　图 3.132　　　　　　图 3.133

　　完整动画请观看本书提供的网页上下载的素材第 3 章的"跳动的文字效果.swf"Flash
文件。

四、举一反三

　　使用前面所学知识绘制如下所示的图形，完整效果请观看"第 3 章 Flash CS5 文字特
效/跳动的文字效果练习.swf"文件。

　　提示：进入影片剪辑编辑状态，单独设置每一个文字的【属性】面板中的 `颜色：` 项，
然后选择"色调"，并选择自己所需要的颜色。

3.3.7　案例十一：遮罩文字效果

一、案例效果预览

　　案例效果见本书提供的"第 3 章 Flash CS5 文字特效/遮罩文字效果.swf"文件。通过
预览了解本案例的最终效果。本案例主要使用 Flash CS5 的文字工具、矩形工具、渐变工具、
颜色浮动面板的设置、遮罩命令和补间动画命令来制作遮罩文字效果。通过该案例的学习，
使学生掌握遮罩动画制作的原理、技巧和方法。

二、本案例画面效果及制作步骤(流程)分析

　　案例画面效果如下：

案例制作的大致步骤：

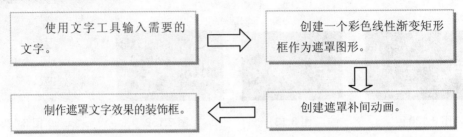

三、详细操作步骤

步骤 1：运行 Flash CS5，新建一个名为"遮罩文字.fla"的文件。

步骤 2：单击浮动面板中的 属性 项，【属性】浮动面板中舞台的背景颜色设置为蓝绿色。

步骤 3：单击 T (文字)工具，在舞台中输入如图 3.134 所示的文字。文字【属性】面板的设置如图 3.135 所示。

步骤 4：单击时间轴上的 ⊡ (新建图层)按钮，插入一个新图层，名为"图层 2"，并选中该图层，如图 3.136 所示。

图 3.134

图 3.135

图 3.136

步骤 5：单击 ⊡ (矩形)工具，将填充色设置成 ⬜ (渐变色)，并在舞台上绘制一个矩形，如图 3.137 所示。

步骤 6：设置【颜色】浮动面板，在渐变条件下单击添加色块标志，并设置各色块标志的颜色，具体设置如图 3.138 所示。

步骤 7：把鼠标指针移到"图层 2"上，然后按住鼠标左键不放往下拖动，将"图层 2"调整到图层 1 下面，如图 3.139 所示。调整后的效果如图 3.140 所示。

图 3.137

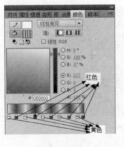
图 3.138

图 3.139

图 3.140

步骤 8：在图层的第 60 帧处右击，弹出快捷菜单，单击 插入关键帧 命令，此时在第 60 帧处将插入一个关键帧，并创建补间动画，如图 3.141 所示。

步骤 9：在图层 2 的第 60 帧处右击，弹出快捷菜单，单击 插入帧 命令，此时在第 60 帧处将插入一个普通帧，如图 3.142 所示。

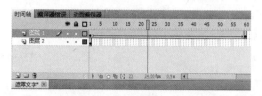

图 3.141

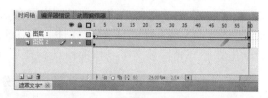

图 3.142

步骤 10：单击"图层 1"的第 1 帧，并调整舞台中文字的位置，如图 3.143 所示。

步骤 11：在"图层 1"上右击，弹出快捷菜单，单击 遮罩层 命令，创建遮罩效果。图层设置如图 3.144 所示，设置后的效果如图 3.145 所示。

图 3.143

图 3.144   图 3.145

步骤 12：单击时间轴上的 ◻(新建图层)按钮，插入一个新图层，名为"图层 3"，并选中该图层，如图 3.146 所示。

步骤 13：单击【矩形】工具，在舞台上绘制如图 3.147 所示的图形。完整动画请观看从网上下载的素材——第 3 章的"文字遮罩效果.swf"文件。

图 3.146

图 3.147

四、举一反三

使用前面所学知识绘制如下所示的图形，完整效果请观看"第 3 章 Flash CS5 文字特效/遮罩文字效果练习.swf"文件。

3.3.8 案例十二：辉光特效文字

一、案例效果预览

案例效果见本书提供的"第 3 章 Flash CS5 文字特效/辉光特效文字.swf"文件。通过预览了解本案例的最终效果。本案例主要使用 Flash CS5 的文字工具、矩形工具、传统补间动画命令、Alpha 的设置、符号元件的创建来制作辉光特效文字效果。通过该案例的学习，使学生掌握辉光特效文字制作的原理、技巧和方法。

二、本案例画面效果及制作步骤(流程)分析

案例画面效果如下：

案例制作的大致步骤：

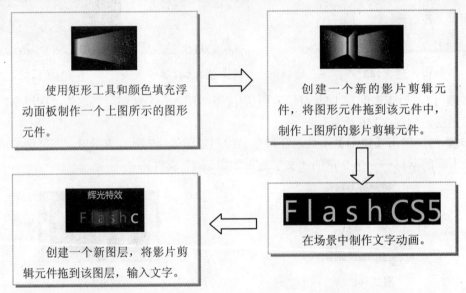

使用矩形工具和颜色填充浮动面板制作一个上图所示的图形元件。

创建一个新的影片剪辑元件，将图形元件拖到该元件中，制作上图所的影片剪辑元件。

在场景中制作文字动画。

创建一个新图层，将影片剪辑元件拖到该图层，输入文字。

三、详细操作步骤

步骤 1： 运行 Flash CS5，新建一个名为"辉光特效文字.fla"的 Flash 文件。

步骤 2： 在浮动面板中单击 属性 项，转到【属性】浮动面板，在【属性】面板的 舞台：■ 中将舞台背景色设置成纯黑色。

步骤 3： 单击 插入(I) → 新建元件(N)... Ctrl+F8 命令，弹出【创建新元件】对话框，其设置如图 3.148 所示。单击 确定 按钮，新建一个图形元件。

步骤 4： 单击 □(矩形)工具，并设置填充色为"黑→黄→黑"形式的渐变，【颜色】浮动面板的设置如图 3.149 所示。

步骤 5： 在工作区绘制一个矩形，如图 3.150 所示。

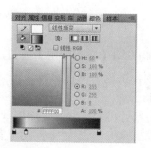

图 3.148　　　　　　　　　图 3.149　　　　　　　　　图 3.150

步骤 6：单击图标部分选取工具，对绘制的矩形进行调整，效果如图 3.151 所示。

步骤 7：单击时间轴左上角的 场景 1 按钮，转回场景。

步骤 8：单击 插入(I) → 新建元件(N)... Ctrl+F8 命令，弹出【创建新元件】对话框，设置为如图 3.152 所示。单击 确定 按钮，新建一个"影片剪辑"元件。

步骤 9：将"元件 1"拖到工作区，位置如图 3.153 所示。

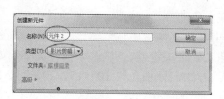

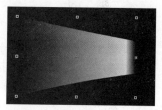

图 3.151　　　　　　　　　图 3.152　　　　　　　　　图 3.153

步骤 10：在"图层 1"的第 8 帧处右击，弹出快捷菜单，单击 插入关键帧 命令，此时在"图层 1"的第 8 帧处插入一个关键帧。利用【任意变形】工具调整"元件 1"的形状，如图 3.154 所示。

步骤 11：在"图层 1"的第 10 帧处右击，弹出快捷菜单，单击 插入关键帧 命令，此时在"图层 1"的第 10 帧处将插入一个关键帧。利用【任意变形】工具调整"元件 1"的形状，如图 3.155 所示。

步骤 12：在"图层 1"的第 18 帧处右击，弹出快捷菜单，单击 插入关键帧 命令，此时在"图层 1"的第 18 帧处将插入一个关键帧。利用【任意变形】工具调整"元件 1"的形状，如图 3.156 所示。

步骤 13：在"图层 1"上单击，此时将选中"图层 1"的所有帧。在选中的任意帧上右击，弹出快捷菜单，单击 创建传统补间 命令，为"图层 1"创建补间动画，如图 3.157 所示。

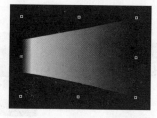

图 3.154　　　　图 3.155　　　　　　图 3.156　　　　　　　图 3.157

步骤 14：在"图层 1"所选中的任意帧上右击，弹出快捷菜单，单击 复制帧 命令，复制所有选中的帧。

步骤 15：单击时间轴左下角的 ⬚【新建图层】按钮，此时将插入一个"图层 2"。在"图层 2"上单击，选中所有普通帧，在选中的任意帧上右击，弹出快捷菜单，单击 粘贴帧 命令，粘贴刚才复制的帧，如图 3.158 所示。

步骤 16：利用第 15 步的方法，再新建一个"图层 3"，并粘贴帧，效果如图 3.159 所示。

步骤 17：单击 ▸（选择）工具，调整 3 个图层中帧的位置关系，调整好的位置关系如图 3.160 所示。

图 3.158

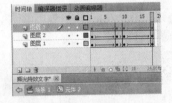

图 3.159

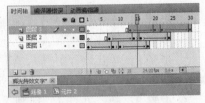

图 3.160

步骤 18：单击时间轴左上角的 场景1 按钮，转到场景 1 中。

步骤 19：单击 T（文字）工具，在舞台中输入"F"文字，如图 3.161 所示。

步骤 20：在第 5 帧处插入一个关键帧，并输入"1"文字，如图 3.162 所示。

步骤 21：利用步骤 20 的方法，分别在第 10、15、20、25、30、35 帧处插入关键帧，分别输入"a"、"s"、"h"、"c"、"s"、"5"的文字，如图 3.163 所示。

图 3.161

图 3.162

图 3.163

步骤 22：单击时间轴左下角的 ⬚（新建图层）按钮，此时将插入一个"图层 2"，如图 3.164 所示。

步骤 23：选中"图层 2"的第 1 帧，将"元件 2"拖到舞台中，位置如图 3.165 所示，【属性】面板设置如图 3.166 所示。

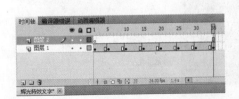

图 3.164

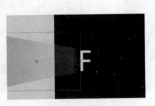

图 3.165

图 3.166

步骤 24：在"图层 2"的第 5 帧处插入关键帧，再拖一个"元件 2"到舞台上，位置如图 3.167 所示，【属性】面板的设置如图 3.166 所示。

步骤 25：方法同步骤 24，分别在"图层 2"的第 10、15、20 帧处插入关键帧，将库中的"元件 2"分别拖到第 10、15、20 帧的工作区，【属性】面板的设置如图 3.166 所示。最终效果如图 3.168 所示。

步骤 26：利用前面所学的知识，新建一个图层，输入"辉光特效"，并制作成浮雕效果，如图 3.169 所示。

图 3.167　　　　　　　　　　图 3.168　　　　　　　　　图 3.169

步骤 27：完整动画请观看本本书提供的网页下载的素材第 3 章的"辉光特效文字.swf"Flash 文件。

四、举一反三

使用前面所学知识绘制如下所示的图形，完整效果请观看"第 3 章 Flash CS5 文字特效/辉光特效文字练习.swf"文件。

3.3.9　案例十三：蝴蝶图片与文字

一、案例效果预览

案例效果见本书提供的"第 3 章 Flash CS5 文字特效/蝴蝶图片与文字.swf"文件。通过预览了解本案例的最终效果。本案例主要使用 Flash CS5 的文字工具、路径工具、图片的导入与影片剪辑来制作蝴蝶图片与文字效果。通过该案例的学习，使学生掌握文字路径的创建和路径动画制作的方法和技巧。

二、本案例画面效果及制作步骤(流程)分析

案例画面效果如下：

案例制作的大致步骤：

根据案例要求，导入作为背景的图片。

使用两张蝴蝶图片制作一个蝴蝶煽动翅膀的影片剪辑动画。

返回场景，将背景图片、文字和路径动画影片剪辑拖到舞台中并调整好位置。

制作路径文字和路径动画影片剪辑。

三、详细操作步骤

1. 导入图片和创建文字图形元件

步骤 1：运行 Flash CS5，新建一个名为"蝴蝶图片与文字.fla"的文件。

步骤 2：单击 文件(F) → 导入(I) → 导入到库(L). 命令，弹出【导入到库】对话框，根据图片保存的位置，找到图片并将其选中，然后单击 打开(O) 按钮，将图片导入库中。

步骤 3：将图片从库中拖到舞台中，在图片上右击，弹出快捷菜单，单击 分离 命令，将图片分离，如图 3.170 所示，并在"图层 1"的第 80 帧处插入一个普通帧。

步骤 4：单击 插入(I) → 新建元件(N). Ctrl+F8 命令，弹出【创建新元件】对话框，设置为如图 3.171 所示。单击 确定 按钮，新建一个图形元件。在工作区中输入如图 3.172 所示的文字。

步骤 5：单击时间轴左上角的 场景 1 按钮，返回场景。

图 3.170

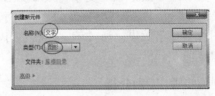

图 3.171

图 3.172

步骤 6：单击时间轴上的 (新建图层)按钮，插入一个新图层。在新建图层上双击，此时新建图层处于修改状态，如图 3.173 所示。

步骤 7：输入"文字图层"文字，将图层重命名，如图 3.174 所示。

步骤 8：将"文字"图形元件拖到舞台中，其大小、位置如图 3.175 所示，图形符号【属性】面板的设置如图 3.176 所示。

图 3.173　　　　　　　图 3.174　　　　　　　图 3.175　　　　　　　图 3.176

2. 创建"飞舞的蝴蝶"影片剪辑元件

步骤 1：利用步骤 2 的方法，将制作蝴蝶动画的图片导入到库中。

步骤 2：单击 插入(I)→新建元件(N)... Ctrl+F8 命令，弹出【创建新元件】对话框，具体设置如图 3.177 所示。单击 确定 按钮，新建一个影片剪辑元件。

步骤 3：将库中的"位图 5"图片拖到工作区，位置如图 3.178 所示。

步骤 4：在图层的第 2 帧处插入一个关键帧，并将"位图 5"图片删除，将库中的"位图 6"拖到工作区，位置跟"位图 5"的图片重合，如图 3.179 所示。

步骤 5：制作方法跟步骤 4 的方法一样，分别在第 3、4、5、6 帧处插入关键帧，并将"位图 6"至"位图 11"分别放到相应的帧上，制作一个帧动画。

步骤 6：单击时间轴左上角的 场景 1 按钮，返回到场景中。

步骤 7：利用前面第 6、7、8 步的方法，新建两个图层，并在每一个图层上拖一个"飞舞的蝴蝶"到舞台上，如图 3.180 所示。

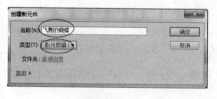

图 3.177　　　　　　图 3.178　　　　　　图 3.179　　　　　　图 3.180

3. 创建路径文字和路径文字动画

步骤 1：在 蝴蝶 2 图层上右击，弹出快捷菜单，单击 添加传统运动引导层 命令，插入一个引导层，如图 3.181 所示。

步骤 2：将"文字"图形符号拖到舞台中，位置与"文字图层"中的文字重合，如图 3.182 所示。

步骤 3：将"引导层"之外的所有图层锁定，如图 3.183 所示。

图 3.181　　　　　　　　图 3.182　　　　　　　　图 3.183

步骤 4：在引导层中的文字上右击，弹出快捷菜单，单击 分离 命令，将文字分离成单个文字，如图 3.184 所示，再用同样的方法，将单个的文字分离成矢量图形，如图 3.185 所示。

步骤 5：单击 修改(M) → 形状(P) → 柔化填充边缘(F) 命令，弹出【柔化填充边缘】对话框，设置如图 3.186 所示，然后单击 确定 按钮。

步骤 6：单击 (选择)工具，并配合 Shift 键，选择柔化填充边缘的文字，并按 Delete 键，效果如图 3.187 所示。

图 3.184   图 3.185   图 3.186   图 3.187

步骤 7：将"引导层"之外的所有图层隐藏起来，时间轴如图 3.188 所示，文字如图 3.189 所示。

步骤 8：利用 (橡皮擦)工具和 (选择)工具，将文字处理成如图 3.190 所示。

图 3.188   图 3.189   图 3.190

步骤 9：将"蝴蝶 1""蝴蝶 2"两个图层的隐藏和锁定取消，并在两个图层的第 80 帧处插入关键帧，图层面板如图 3.191 所示。

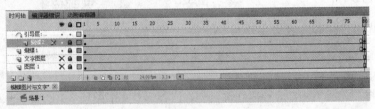

图 3.191

步骤 10：将时间指针移到第 1 帧，并调整两只蝴蝶的位置，如图 3.192 所示。

步骤 11：将时间指针移到第 80 帧，并调整两只蝴蝶的位置，如图 3.193 所示。

步骤 12：为"蝴蝶 1"与"蝴蝶 2"两个图层创建补间动画，时间轴效果如图 3.194 所示。【属性】面板的设置如图 3.195 所示。

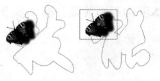

图 3.192　　　　　　　　　　　　　　图 3.193

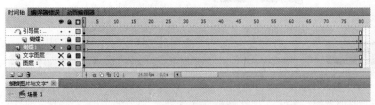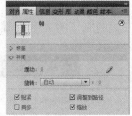

图 3.194　　　　　　　　　　　　　　图 3.195

步骤 13：将所有图层的隐藏和锁定取消，时间轴如图 3.196 所示，动画效果如图 3.197 所示。

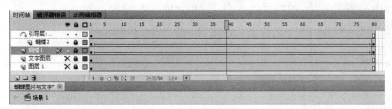

图 3.196　　　　　　　　　　　　　　图 3.197

步骤 14：完整动画效果请观看从网上下载的素材第 3 章的"蝴蝶与文字"Flash 文件。

四、举一反三

使用前面所学知识绘制如下所示的图形，完整效果请观看"第 3 章 Flash CS5 文字特效/蝴蝶图片与文字练习.swf"文件。

3.3.10　案例十四：幻影文字效果

一、案例效果预览

案例效果见本书提供的"第 3 章 Flash CS5 文字特效/幻影文字效果.swf"文件。通过预览了解本案例的最终效果。本案例主要使用 Flash CS5 的文字工具、补间动画、Alpha 属性设置和元件转换来制作幻影文字效果。通过该案例的学习，使学生掌握幻影文字制作的方法和技巧。

二、本案例画面效果及制作步骤(流程)分析

案例画面效果如下:

案例制作的大致步骤:

根据案例要求,输入文字并将文字转换为图形元件,如上图。

→

在图层的第 1～80 帧之间创建传统补间动画。

↓

设置图层的第 1 帧的图形元件的 Alpha 值为 0。选中第 1～80 帧之间的所有帧,复制所有帧。

←

再新建 8 个新图层,给每个图层粘贴帧,调整每个图层帧的位置,最终效果如上图所示。

三、详细操作步骤

步骤 1: 运行 Flash CS5,新建一个名为"幻影文字效果.fla"的文件,并将背景色设置为纯黑色。

步骤 2: 单击 T (文字)工具,在舞台中输入如图 3.198 所示的文字。

步骤 3: 将如图 3.198 所示的图片转换为图形元件。

步骤 4: 在"图层 1"的第 80 帧处插入关键帧。

步骤 5: 为"图层 1"创建补间动画。选中"图层 1"的第 1 帧,设置【属性】面板,如图 3.199 所示。选中"图层 1"第 1 帧中的文字图形元件,再设置【属性】面板,如图 3.200 所示。

步骤 6: 选中"图层 1"的前 80 帧,在"图层 1"的第 1～80 帧的任意帧上右击,弹出快捷菜单,单击 复制帧 命令,复制所有帧。

图 3.198

图 3.199

图 3.200

步骤 7： 再新建 8 个图层，将刚复制的帧粘贴给这 8 个图层。

步骤 8： 调整各图层中帧的位置，如图 3.201 所示。

步骤 9： 文字效果如图 3.202 所示。完整动画请观看从网上下载的素材——本书第 3 章的"幻影文字效果.swf"Flash 文件。

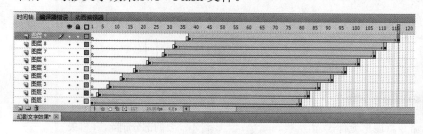

图 3.201　　　　　　　　　　　　　　　　　　图 3.202

四、举一反三

使用前面所学知识绘制如下所示的图形，完整效果请观看"第 3 章 Flash CS5 文字特效/蝴蝶图片与文字练习.swf"文件。

3.3.11　案例十五：变色文字

一、案例效果预览

案例效果见本书提供的"第 3 章 Flash CS5 文字特效/变色文字.swf"文件。通过预览了解本案例的最终效果。本案例主要使用 Flash CS5 的文字工具、补间动画、柔化填充边缘和色调调整来制作变色文字。通过该案例的学习，使学生掌握变色文字制作的方法和技巧。

二、本案例画面效果及制作步骤(流程)分析

案例画面效果如下：

Flash CS5动画设计

案例制作的大致步骤：

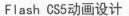

Flash CS5动画设计

根据案例要求，输入文字并将文字分离为矢量图形，如上图。

Flash CS5动画设计

对矢量文字进行柔化填充边缘操作，效果如上图。

Flash CS5动画设计

使用调色命令将图形元件制作成变色文字动画。

Flash CS5动画设计

将不需要的部分删除，并将矢量图形转换为图形元件，如上图。

三、详细操作步骤

步骤1：运行 Flash CS5，新建一个名为"变色文字.fla"的文件。

步骤2：单击【文字】工具，在舞台中输入"职业技能"四个字，其大小与位置如图 3.203 所示。

步骤3：选中刚才输入的文字，在文字上右击，弹出快捷菜单，单击 复制 命令复制文字。

步骤4：新建一个图层，并选中该新建图层，单击 编辑(E)→ 粘贴到当前位置(P)   Ctrl+Shift+V 命令，将复制的文字粘贴到当前位置。

步骤5：将新建图层隐藏，时间轴如图 3.204 所示。

步骤6：选中"图层 1"的文字，在文字上右击，弹出快捷菜单，单击 分离 命令，将文字分离成单个文字，再用同样的方法，将单个的文字分离成矢量图形，如图 3.205 所示。

Flash CS5动画设计

图 3.203   图 3.204   图 3.205

步骤7：单击 修改(M)→ 形状(P)→ 柔化填充边缘(F)... 命令，弹出【柔化填充边缘】对话框，设置如图 3.206 所示。单击 确定 按钮，效果如图 3.207 所示。

步骤8：单击移动工具，配合 Shift 键，选中文字中需要删除的部分，并按 Delete 键将其删除，效果如图 3.208 所示。

Flash CS5动画设计   Flash CS5动画设计

图 3.206   图 3.207   图 3.208

步骤 9：选中如图 3.208 所示的文字，在文字上右击，弹出快捷菜单，单击 转换为元件... 命令，弹出【转换为元件】对话框，其设置如图 3.209 所示。单击 确定 按钮，将其转换为图形元件。

步骤 10：在"图层 1"的第 5 帧处插入一个关键帧，并设置【属性】面板为如图 3.210 所示。

图 3.209

图 3.210

步骤 11：方法同步骤 9，分别在第 10、15、20、25 帧处插入关键帧，分别设置色调颜色为黄色、粉红色、深红色、绿色。

步骤 12：将"图层 2"的隐藏和锁定取消，并在第 25 帧处插入普通帧。

步骤 13：为"图层 1"创建传统补间动画，时间轴如图 3.211 所示。

步骤 14：效果如图 3.212 所示。完整的 Flash 动画请观看从网上下载的素材第 3 章的"变色文字,swf"Flash 文件。

图 3.211

图 3.212

四、举一反三

使用前面所学知识绘制如下所示的图形，完整效果请观看"第 3 章 Flash CS5 文字特效变色文字练习.swf"文件。

第4章 Flash CS5 动画制作

 知识点：

1. 动画制作基础
2. 滚动的色环
3. 放大镜
4. 探照灯
5. 发光效果
6. 展开的画卷
7. 旋转的地球
8. 水波效果
9. 礼花绽放
10. 海浪线
11. 飘落的雨丝

 说明：

本章通过 10 个案例介绍 Flash CS5 制作特效的方法，通过这些案例的学习，同学们可以灵活使用 Flash 制作出很多意想不到的动画特效。

 教学建议课时数：

一般情况下需 16 课时，其中理论 4 课时、实际操作 12 课时(根据特殊情况可做相应调整)。

4.1　Flash CS5 动画制作基础

4.1.1　动画场景

动画场景就如我们生活中唱戏的舞台，场景中的各个对象就好比是唱戏的演员，要想做动画就必须先了解场景的作用和基本设置。因为建立和设置动画场景是动画制作的前提，它直接影响到动画的美术效果和播放速度。

1. 场景属性的设置

制作一个动画首先要确定它的固定尺寸、分辨率和帧的播放速度。单击浮动面板中的 属性 项，转到【属性】浮动面板，如图 4.1 所示。

在该场景【属性】面板对话框中可以设置以下参数。

(1) FPS: 24.00 ：在该框中可以设置动画的播放速度，数值越大则动画的播放速度越快，系统默认为 12fps。一般情况下制作的动画，特别是对于网络动画中使用的动画，8～12fps 的帧率就足够了。"fps"表示帧/秒，例如，12fps 表示一秒钟播放 12 帧。

(2) 大小: 550 x 400 像素 ：单击 编辑 按钮，弹出如图 4.2 所示的【文档设置】对话框。

① 尺寸(I) 550 像素 （宽度）x 400 像素 （高度）：在该选项中有两个输入框，分别是【宽度】和【高度】。在这两个输入框中可以设置场景的高度和宽度，默认值为 550×400 像素。设置的场景越大，文件就越大。

② 匹配: ：该选项下有 3 个子选项，可以设置制作动画的目的。选中 ○打印机(P) 单选按钮，可以使制作的动画与打印机相匹配；选中 ○内容(C) 单选按钮，可以使制作的动画与动画内容相匹配，并使动画内容的工作区四周具有相同的距离。如果要使动画尺寸尽量小，可以将场景中的内容尽量往左上角移动，然后选中【内容】单选按钮。

③ 背景颜色□ ：单击□，弹出【颜色选择】面板，在【颜色选择】面板中选择所需的背景颜色。

④ 标尺单位(R): 像素 ▼：这是一个下拉列表框(图 4.3)，用来设置动画场景的标尺单位。

图 4.1

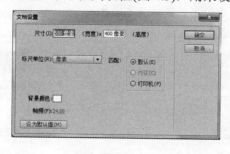

图 4.2

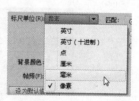

图 4.3

⑤ 设置完毕后，单击 确定 按钮，即可将设置应用于动画。如果想将用户对动画场景属性的设置保存为系统的设置，直接单击 设为默认值(M) 按钮即可。

2. 动画场景管理

在 Flash CS5 中，动画场景是通过【场景】面板来管理的，利用它可以对场景进行各种操作，如添加、删除、重命名等。直接按 Shift+F2 键，将弹出如图 4.4 所示的场景管理界面。

在【场景】面板中有三个按钮，可以分别进行添加、删除、复制场景的操作，下面分别进行介绍。

(1) 　(添加场景)：一个场景不能容纳太多的对象，如果制作的动画比较复杂，那么可以给动画添加几个场景以满足需要。单击 　按钮即可添加场景。

(2) 　(删除场景)：如果某一场景已经不需要了，用鼠标指针单击选中不需要的场景，再单击 　按钮，此时将弹出如图 4.5 所示的对话框。如果要删除该场景，直接单击 确定 按钮即可，如果不想删除，则单击 取消 按钮，取消删除。

(3) 　(复制场景)：如果某一场景需要多次使用，可以制作它的副本。具体方法是在【场景】面板中选择要制作副本的场景，单击【场景】面板下方的 　(复制场景)按钮，可以将所选场景复制出一个副本，如图 4.6 所示。

图 4.4　　　　　　　　　　　　图 4.5　　　　　　　　　　　　图 4.6

这一副本场景的所有对象和效果与原场景完全相同，但是要得到同样的效果，只有对副本场景进行重命名才可以让副本场景完全独立出来。

重命名场景的操作非常简单，用鼠标双击需要重命名的场景，此时场景名称即变成可修改状态，这时只需输入所取的名字，然后按 Enter 键即可。

例如，要将"场景 2 副本"重命名为"动画片头"，其操作方法如下。

① 双击"场景 2 副本"，此时将显示为如图 4.7 所示的效果。

② 输入"动画片头"4 个字，如图 4.8 所示。

③ 再按 Enter 键，完成重命名场景操作。

图 4.7　　　　　　　　　　　　图 4.8

一个 Flash CS5 文件可以由多个场景组成，每个场景都可以是一个完整的动画，在播放时场景和场景之间可以直接进行切换。

切换动画场景的方法如下。

(1) 单击时间轴右上角的 ![编辑场景] (编辑场景)按钮,弹出如图 4.9 所示的下拉列表。在下拉列表中包含了所有的场景。

(2) 将鼠标移到需要切换的场景上并单击,完成动画场景的切换。

如果没有交互切换场景,则在 Flash CS5 中会自动按顺序播放。如果需要调节动画场景的播放顺序,就需要对【场景】面板中的场景排列顺序进行调整。调整场景的具体方法如下。

将鼠标指针放到需调整的场景上,按住鼠标左键不放并移动,当蓝色条移到所需位置时松开鼠标左键即可。如图 4.10 所示,将"动画片头"场景移到"场景 2"前面。最终结果如图 4.11 所示。

图 4.9

图 4.10

图 4.11

4.1.2　帧的操作

1. 帧的类型

在 Flash CS5 中,帧是动画作品的基本单位,帧中装载了 Flash CS5 中播放的内容。Flash CS5 动画是由若干个静止的图像连续显示而形成的,这些静止的图像就是"帧"。Flash CS5 舞台上某一时刻播放的图像是由当时间轴上播放指针所在的同一列的所有层的可见帧共同组成的。帧的类型有如下几种。

(1) 关键帧(Key Frame):关键帧是决定一段动画的必要帧,其中可以放置图形对象,并可以对所含内容进行编辑。在时间轴中,包含内容的关键帧显示为带黑色实心圆点的方格。关键帧一般插入在一段动画的开始和结束位置。

(2) 空白关键帧(Blank Key Frame):空白关键帧就是什么内容都没有的关键帧,在时间轴中显示为黑线围着的方格。默认状态下每一层的第一帧都是空白关键帧,在其中插入内容后就变成了关键帧。

(3) 过渡帧(Tween Frame):过渡帧出现在动画的两个关键帧之间,其中显示某一 Flash 过渡动画的若干层效果。在时间轴上的过渡帧显示为带有箭头直线的浅蓝色方格。

2. 帧的状态和表示方法

我们现在来认识一下在时间轴中各种帧的表示方法,时间轴中有很多单元格,每一行代表一个图层,每一列代表一帧。打开一个 Flash CS5 文件,在时间轴上一般会看到以下几种情况。

(1) 单元格的周围如果是粗的黑线框,就表示在此处建立了一个空白关键帧,如图 4.12 所示。

(2) 在两个关键帧之间如果有黑色的箭头符号，并且其背景为粉红色，就表示两个关键帧中有过渡渐变动画，如图 4.13 所示。

(3) 两个关键帧之间呈现浅蓝色，则表示渐变动画中有错，无法正确完成过渡，如图 4.14 所示。

图 4.12   图 4.13   图 4.14

(4) 在两个关键帧之间或一个关键帧后面有一些灰色的帧，且关键帧中有一个实心的圆圈，表示这些帧的内容与关键帧的内容完全相同，如图 4.15 所示。

(5) 关键帧或空白关键帧上有一个小写字母"a"，表示这一帧已经添加了动作，当动画播放到这一帧时会执行相应的动作语句，如图 4.16 所示。

(6) 帧上出现一个小红旗标志，表示这一帧已被标记，红旗后面的文字为这一帧的标记名称，如图 4.17 所示。

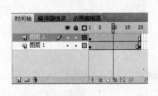
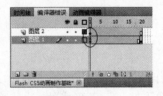

图 4.15   图 4.16   图 4.17

3. 帧的创建

帧的创建包括：关键帧的创建、空白关键帧的创建和过渡帧的创建。下面分别介绍这 3 种帧的创建方法。

(1) 创建关键帧：关键帧在动画制作中非常重要。如果是过渡动画，则要在动画的关键位置创建关键帧。在时间轴上的两个关键帧之间有一个箭头表示动画的过渡过程。系统默认第一帧为关键帧。如果要在其他帧处创建关键帧，其方法有以下两种。

① 将鼠标指针移到需要创建关键帧的帧上，右击，弹出快捷菜单，单击 插入关键帧 命令，此时就创建了一个关键帧。

② 单击需要创建关键帧的帧，按 F6 键，即可创建一个关键帧。

(2) 创建空白关键帧：空白关键帧的创建方法有两种。①将鼠标指针移到需要创建空白关键帧的帧上，右击，弹出快捷菜单，单击 插入空白关键帧 命令。②单击需要创建空白关键帧的帧并按 F7 键，即可创建一个空白关键帧。

(3) 创建过渡帧：创建过渡帧有两种情况。

① 当两个关键帧的图像是矢量图形时，在两个关键帧之间的任一帧处单击，设置帧【属性】面板，如图 4.18 所示。

② 当两个关键帧的图形是元件时，在两个关键帧之间的任一帧处单击，设置帧【属性】面板，如图 4.19 所示。

图 4.18　　　　　　　　　　　　　　　　　图 4.19

提示： 过渡帧是连接两个关键帧的桥梁，不含有固定的某一图形，所以不能进行编辑。

4. 帧的编辑

帧的编辑主要包括复制帧、粘贴帧、移动帧、删除帧和翻转帧，下面详细介绍这 4 种操作方法。

(1) 复制与粘贴帧：在 Flash CS5 中，不仅可以插入帧，而且还可以把编辑制作完的帧直接复制到需要的位置，具体操作方法为，在需要复制的帧上右击，弹出快捷菜单，单击 复制帧 命令，就可将该帧复制到剪贴板中。然后在需要粘贴的位置上右击，弹出快捷菜单，单击 粘贴帧 命令，就可将所复制的帧粘贴到指定的位置。

(2) 删除帧：如果某些帧已经没有用了，可将它删除，由于 Flash CS5 中帧的类型不同，所以删除的方法也不同。如果要将关键帧转换为空白关键帧，则在该关键帧上右击，弹出快捷菜单，单击 清除帧 命令。如果是将关键帧从时间轴上删除，则在要删除的关键帧上右击，弹出快捷菜单，然后单击 删除帧 命令。

(3) 移动帧：在制作动画的过程中，如果需要对某一帧或多个帧的位置进行调整，可先将这些帧选中，然后按住鼠标左键拖动这些帧到需要的位置，再松开鼠标按键，这样即可完成移动操作。

(4) 翻转帧：是指将整个动画从后往前播放(第 1 帧变成最后一帧，最后一帧变成第 1 帧)。选定所有的帧，然后将所有的过渡帧变成关键帧，在选中的帧上右击，弹出快捷菜单，单击 翻转帧 命令，这样即可完成帧的翻转。

提示： 如果要翻转帧，则第 1 帧和最后一帧必须是关键帧。

5. 创建帧的标签

在动画的关键帧上插入标签，对于辨认关键帧非常重要，这就好像一个人的名字一样，一般动画有很多帧，如果没有标签，以后在编辑内容时不容易对帧进行定位。

如果要给某一帧创建标签，单击浮动面板中 属性 项，转到【属性】浮动面板如图 4.20 所示的帧【属性】面板。

在帧【属性】面板中的"标签"处输入一个适当的名称，设置完毕后所设置的标签名称标记在该帧上，并且有小红旗标志，表示此帧已被标记，如图 4.21 与图 4.22 所示。

图 4.20

图 4.21

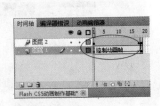

图 4.22

提示：帧的标签作为文件的一部分，它的长短将会影响文件的大小，因此应采用比较短的标签来缩减文件的大小。

6. 扩展帧的内容

在创建动画时经常会碰到这样的情况，一个背景需要贯穿整个动画的全过程。这就需要将一背景图像添加到本层的所有帧中，这时就要扩展帧的内容。

扩展的方法是，在放置背景层的第 1 帧上创建一个关键帧。将背景元件或图片放到第 1 帧中，再将鼠标指针移到需要扩展的位置，然后右击，弹出快捷菜单，单击 **插入帧** 命令，即完成帧的扩展。

4.1.3 图层的操作

在 Flash CS5 中，每个图层就好像是一张透明的薄纸，上面画了一些图形和写了一些文字，将这些薄纸组合在一起，就获得了最终的效果。图层是时间轴视窗的一部分，如图 4.23 所示。

在 Flash CS5 中引用图层的概念，其目的是为了更有效地组织动画，以便轻松地制作复杂的动画。

1. 创建新图层

打开 Flash CS5 时，系统会有一个默认的层，即"图层 1"。为了更好地组织动画的图像元素，可以创建新的图层，具体操作方法是：单击图层左下角的◻(新建图层)按钮，即可在选中的图层上面插入一个新图层，如图 4.24 所示。

图 4.23

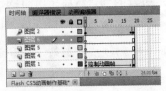

图 4.24

2. 图层的相关操作

在制作动画的过程中，可以显示或隐藏一个或多个图层的内容，掩藏的图层也会被正常输出，只是在编辑时不能编辑且不可见。

隐藏或显示层的具体操作方法如下。

(1) 隐藏图层：在眼睛图标正下方的所要隐藏的图层的圆点上单击，此时会在隐藏的层上出现一个 ✕✕ 标记，如图 4.25 所示。

(2) 取消隐藏图层：直接单击✕标记，即可取消隐藏，如图 4.26 所示。

(3) 锁定图层：选定需要锁定的图层，单击 ▤ 图标正下方的选定图层的圆点，即可锁定图层，如图 4.27 所示。

　　　　图 4.25　　　　　　　　　　图 4.26　　　　　　　　　　图 4.27

(4) 解锁图层：单击需要解锁图层的 ▤ 图标，即可解锁图层。

3. 图层的编辑

图层的编辑主要包括图层的复制、删除、重命名及调整图层的顺序等操作。所有图的操作都是在可编辑状态下的图层上进行的，可编辑图层的名称旁边有一个 ✎ (铅笔)图标。在任何时候都只能对一个图层进行编辑。

下面分别介绍各种编辑的操作方法。

(1) 复制图层：在需要复制的图层名字上单击，选中该图层的所有帧。在所选中的帧的任一帧上右击，弹出快捷菜单，单击 复制帧 命令，完成复制。

(2) 删除图层：选中需要删除的图层，单击图层名称下边的 🗑 图标，即可删除选中图层，如图 4.28 所示。

(3) 给层重命名：在需要重命名的图层名称上双击，此时，图层名称如图 4.29 所示。输入修改的名称，按 Enter 键，即完成修改，如图 4.30 所示。

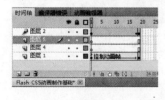  

　　　　图 4.28　　　　　　　　　　图 4.29　　　　　　　　　　图 4.30

(4) 改变图层的叠放顺序：一个动画中有很多个图层，图层在窗口中的顺序决定了对象在舞台上的叠放顺序。如果某一图层处在另一图层的上方，则在工作区中该图层的对象也在另一图层的上方。如果要改变图层的顺序，只要使用鼠标在时间轴视窗中拖动图层的名称到指定位置即可。

4. 设置图层的属性

在图层面板上的某一图层中右击，弹出快捷菜单，单击【属性】命令，弹出如图 4.31

所示的【图层属性】对话框。

在【图层属性】对话框中可以设置如下参数。

(1) 名称(N):图层 ：在该输入框中可以对选择的图层进行重命名。

(2) ☑显示：该复选框可以选择是否显示所选择的图层。

(3) □锁定：利用该复选框可以选择是否锁定所选择的图层。

(4) 类型：在本选项中可以选择该层的类型，下面介绍其中 4 个选项，分别是【一般】、【引导层】、【遮罩层】、【被遮罩】。具体介绍如下。

①【一般】：这是系统默认的层的类型。

②【引导层】：选择该选项，可以将这个层作为引导层，以便用来创建网格、背景或其他对象，以辅助对齐其他对象。

③【遮罩层】：选择该选项，可以将这个层作为遮罩层。

④【被遮罩】：这是一个与某一个遮罩层关联的普通层，引导层的对象可以作为这一层中对象运动的向导。

(5) 轮廓颜色：☐：选择该选项会弹出一个颜色板，从中可以设置轮廓线的颜色。它仅在选中该选项下面的复选框时才有效。

(6) □将图层视为轮廓：选中该复选框，所选层的对象可以以轮廓线的方式被查看。

(7) 图层高度：100% ∨：这是一个下拉列表框，在显示的百分比列表中可以选择该层的高度显示比例，即与其他层的单元格的高度比，如图 4.32 所示。

图 4.31

图 4.32

5. 图层的操作举例

下面通过实例来形象地说明图层的操作。

(1) 打开 Flash CS5 工作窗口，可以发现此时就有一个层，它的名字是"图层 1"，在工作区绘制一个小女孩，并通过重命名操作将"图层 1"改名为"小女孩"，如图 4.33 所示。

(2) 单击图层名称下的 ☐(新建图层)按钮，即添加了一个新的图层，名称为"图层 2"。在这个图层上绘制一个月亮，并执行重命名操作，将"图层 2"改名为"月亮"。此时的"月亮"在"小女孩"上面，如图 4.34 所示。

图 4.33　　　　　　　　　　　　　　图 4.34

(3) 单击"月亮"层右边的 (隐藏或显示所有图层)图标下的小黑点，这时会出现一个红色的▇叉，同时舞台上的月亮看不到了，表示这个层已经处于隐藏状态，如图 4.35 所示。如果再次单击▇，又可以恢复显示。

(4) 单击"月亮"层右边的▇(锁定或解除锁定所有图层)按钮下的小黑点，使小黑点变成▇图标，这时在舞台上可以看到月亮，但是无法对它进行任何编辑操作，表示"月亮"层已被锁定，如图 4.36 所示。再次单击▇(锁定或解除锁定所有图层)就可以解锁。

(5) 单击"小女孩"层右边【以轮廓线的方式显示所有图层】图标下的彩色方框，这时小女孩将以轮廓线的方式显示，即只能看见小女孩的边框，看不到填充部分，如图 4.37 所示。

层的操作还包括引导层和遮罩层的操作，具体操作步骤请参阅相关例子。

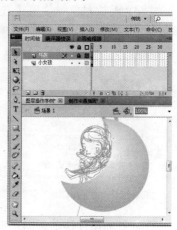

图 4.35　　　　　　　　　　图 4.36　　　　　　　　　　图 4.37

4.1.4 对象的操作

1. 对象的概念

对象是指在 Flash CS5 窗口里所有被选中的东西。对象被选中后可以通过一些设置完成为对象设计的运动效果。例如，在 Flash CS5 舞台中绘制一矩形，那么这个矩形就是一个对象，它具有一定的属性和状态。把多个对象组合在一起称为对象组合，对象组合是一种组合对象，可以对组合对象中的某一个元素进行独立操作。组合对象中的元素称为组合对象的子对象，如图 4.38 所示。

2. 编辑对象

在舞台中不仅可以通过拖动对象来改变对象的位置，而且还可以通过对象面板精确地指定对象位置。下面详细讲解其操作方法。

(1) 移动对象：首先使用鼠标指针单击工具箱中的 ▶ (选择)工具，将要移动的对象选中，按住鼠标左键并将其拖动到指定位置(也可以在选中以后，使用方向键进行移动)。如果要移动对象的一部分，则首先用部分选择工具或套索工具选中要移动的那部分，然后拖动鼠标或按方向键进行移动。

(2) 复制、粘贴对象：可以使用复制功能来复制对象，主要用于在保证对源对象属性不变的基础上，把对象的副本移动到其他位置。具体操作方法是，在被复制的对象上右击，弹出快捷菜单，单击 复制 命令，将对象复制到剪贴板中。然后右击，弹出快捷菜单，单击 粘贴 命令，将剪贴板中的内容粘贴到舞台中。

(3) 删除对象：如果需要将一个不用的对象或对象的某一部分删除，除了使用【橡皮擦】工具擦除外，还可用其他方法将需要删除的对象删除。例如，使用工具箱中的【选择】工具或【套索】工具将需要删除的对象选中，按 Delete 键。

(4) 缩放对象：使用【选择】工具将需要缩放的对象选中，然后右击，弹出快捷菜单，单击 ✓任意变形 命令，此时对象的周围将出现 8 个黑色四方块，如图 4.39 所示。

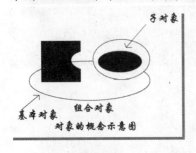

图 4.38

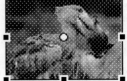

图 4.39

将鼠标指针移动到图形框上 4 个角的句柄上，按住鼠标左键并拖动，可以对对象进行成比例缩放；如果将鼠标指针移动到图形框 4 个边的句柄上，按住鼠标左键拖动，则可以对对象进行水平或垂直缩放，如图 4.40 所示。

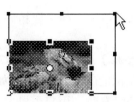

图 4.40

（5）使用【信息】面板改变对象大小：使用【信息】面板改变对象大小的优点是可以准确地把对象移动到所需位置或准确地把对象缩放一定的比例。单击 窗口(W) →

信息(I)　　Ctrl+I 命令，弹出【信息】面板，如图 4.41 所示。

① 宽: 482.00 和高: 351.85 ：直接在"宽"和"高"文本框中输入数值，即可精确地改变对象的大小。

② X: 8.95 Y: 13.55 ：该选项是描述对象在舞台中的坐标值。

③ X: 504.0 Y: 163.0 ：该选项描述鼠标指针在舞台中的坐标值。作用是让用户实时知道鼠标指针在舞台中所处的位置。

（6）旋转和倾斜对象：在动画编辑过程中会经常遇到需要对对象进行旋转和倾斜的情况。具体操作方法如下。

① 旋转的操作方法：单击工具箱中的 ▦ (任意变形)工具，再单击需要旋转的对象，此时对象效果如图 4.42 所示，将鼠标指针移到对象 4 个角的附近，当出现⌒图标时(图 4.43)，按住鼠标左键不放进行拖动，即可完成旋转。

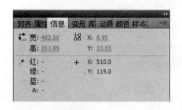

图 4.41　　　　　　　　　　图 4.42　　　　　　　　　　图 4.43

② 倾斜的操作方法：单击工具箱中的 ▦ (任意变形)工具，再单击需要倾斜的对象，此时对象效果如图 4.44 所示，将鼠标指针移到对象四条边的任意一条边上，按住鼠标左键不放，此时鼠标会变成一个 ⇔ 图标，将图片调整到自己需要的位置后松开鼠标左键，如图 4.45 所示，即可完成倾斜操作，最终效果如图 4.46 所示。

图 4.44　　　　　　　　　　图 4.45　　　　　　　　　　图 4.46

(7) 精确旋转和移动：前面所讲的只是对对象的大致移动，如果要精确移动对象必须使用【变形】面板进行操作。

单击 窗口(W) → 变形(T)　　　　　　Ctrl+T 命令，弹出【变形】面板，如图 4.47 所示。

① ↔ 100.0 % ↕ 100.0 % ☞ ：是用来设置对象的放大缩小比例的(相对原对象)。如果处于 ☞ (链接)状态时，将进行等比例的放大缩小；当处于 ☞ (断开)状态时，用户可以单独对对象的高或宽进行操作。

② ⊙ 旋转 ：在 △ 0.0° 中输入需要旋转的度数，按 Enter 键即可旋转所输数值的度数。

③ ⊙ 倾斜 ：在 ☞ 11.5° 🔾 0.0° 中输入需要倾斜的度数，按 Enter 键即可倾斜所输数值的度数。

④ 🔁 (重制选取和变形)：此按钮的作用是，当在【旋转】或【倾斜】选项中输入数值时，单击 🔁 (重制选取和变形)按钮，此时对象复制一个副本，并根据输入的数值进行变形。

⑤ 🔄 (取消变形)：此命令的作用是，对【变形】面板设置完后，如果需要再重新设置时，单击 🔄 (取消变形)按钮即可恢复到系统的默认状态。

3. 对象的对齐

对齐功能可以通过使用鼠标来调节各个对象的位置对齐，但是这种方法使用起来非常麻烦，而且结果不精确。接下来用 Flash CS5 中提供的对象的对齐功能来对齐对象，具体操作方法如下。

单击 窗口(W) → 对齐(G)　　　　Ctrl+K 命令，将弹出【对齐】面板，如图 4.48 所示。

图 4.47

图 4.48

该面板中有【对齐】、【分布】、【匹配大小】、【间隔】4 个选项按钮组，在任意时刻，每组中只有一个按钮处于按下状态，也就是说如果按下另一个按钮时，原来处于按下状态的按钮就会自动弹起。下面分别介绍这个组中按钮的内容。

(1)【对齐】：其中有 6 个按钮，可以分别设置垂直方向的上对齐、中对齐、下对齐、在水平方向上的左对齐、中对齐、右对齐。具体说明如下。

① 单击 🔳 按钮，可以使所选对象在垂直方向上左对齐。

② 单击 🔳 按钮，可以使所选对象在垂直方向上居中对齐。

③ 单击 🔳 按钮，可以使所选对象在垂直方向上右对齐。

④ 单击 🔳 按钮，可以使所选对象在水平方向上以顶端对齐。

⑤ 单击 🔳 按钮，可以使所选对象在水平方向上居中对齐。

⑥ 单击 🔳 按钮，可以使所选对象在水平方向上以底端对齐。

(2)【分布】：其中共有 6 个按钮，具体说明如下。

① 单击 🔳 按钮，可以使所选择的多个对象沿垂直方向以顶端为基准等距离分布。

② 单击 ⊟ 按钮,可以使所选择的多个对象沿垂直方向以对象的水平中心线为基准等距离分布。

③ 单击 ⊟ 按钮,可以使所选择的多个对象沿垂直方向以底端为基准等距离分布。

④ 单击 ▯▯ 按钮,可以使所选择的多个对象沿水平方向以左端为基准等距离分布。

⑤ 单击 ▯▯ 按钮,可以使所选择的多个对象沿水平方向以对象的垂直中心线为基准等距离分布。

⑥ 单击 ▯▯ 按钮:可以使所选择的多个对象沿水平方向以右端为基准等距离分布。

(3)【匹配大小】:系统在选中的图形中自动寻找出一个最大高度、最大宽度,并以它们为基准改变其他图形,最后使所选中的图形等高、等宽,具体内容如下。

① 单击 ▭ 按钮,可以使所选对象宽度相等。

② 单击 ▯▯ 按钮,可以使所选对象高度相等。

③ 单击 ▭ 按钮,可以使所选对象宽度和高度都相等。

(4)【间隔】:可以选择以中心或以边界为基准进行等距离控制,详细说明如下。

① 单击 ▤ 按钮:可以使所选对象之间的垂直间隔相等。

② 单击 ▯▯ 按钮:可以使所选对象之间的水平间隔相等。

4. 排列对象

如果在一个动画里有多个对象堆积在一起,通常要考虑这些对象的层次顺序。如果需要对原有对象的堆积顺序进行调整,可以先选中对象,然后单击 修改(M) → 排列(A) 命令,弹出如图 4.49 所示的子菜单。

图 4.49

在该菜单中有 6 个命令,下面具体介绍。

移至顶层(F) Ctrl+Shift+上箭头:选择该选项,可以将所选对象移动到堆积对象的最上一层。

上移一层(R) Ctrl+上箭头:选择该选项,可以将所选对象向上移动一层。

下移一层(E) Ctrl+下箭头:选择该选项,可以将所选对象向下移动一层。

移至底层(B) Ctrl+Shift+下箭头:选择该选项,可以将所选对象移动到堆积对象的最后一层。

锁定(L) Ctrl+Alt+L:选择该选项,可以将所选对象锁定,被锁定后的对象不能被编辑。

解除全部锁定(U) Ctrl+Alt+Shift+L:选择该选项,可将所选对象解锁,从而使对象恢复到可编辑状态。

根据以上介绍,如果要对对象进行各种层次排列,可根据需要选择以上的某一选项。

5. 选择性粘贴对象

选择性粘贴可以将剪贴板中的对象以指定的格式粘贴到工作区。剪贴板是 Windows 操作系统在内存中开辟的一块应用程序可以共享的空间,这种方式称为"动态数据交换"。

选择性粘贴对象的操作方法如下。

单击 编辑(E) → 选择性粘贴(S)... 命令,弹出如图 4.50 所示的【选择性粘贴】对话框。

图 4.50

对该对话框中各选项的详细说明如下。

① 【来源】：是指剪贴板中的内容来自哪个位置。

② 【粘贴】：选择该选项可以将剪贴板的对象粘贴到舞台上。

③ 【粘贴链接】：选择该单选按钮可以将剪贴板中的对象粘贴到舞台中，并且与源程序建立链接，在源文件中的对象发生改变后，剪贴板中的对象也随之自动更新。

④ 【结果】：对指定格式及当前状态进行描述。

⑤ 【显示为图标】：选中该复选框，可以在舞台上将所要粘贴的内容以图标显示。

⑥ 【作为】：在该列表框中，可以选择粘贴对象的类型。

6. 组合与锁定对象

下面介绍对象的组合与锁定操作，这些操作在固定和保持对象的状态方面有重要的作用。

(1) 组合对象：多个图形被组合后，可以作为一个对象进行操作。组合后的对象是一个整体，它有层次性，在移动对象时不会使对象发生变形。如果对单个对象进行组合，不但可以将对象的填充部分和轮廓组合为一体，而且与其他对象重叠放置后不会影响到其他对象，也不会被其他对象覆盖掉。

组合对象的具体操作方法是选中需要组合的对象，然后单击 修改(M) → 组合(G) Ctrl+G 命令，这样即可将所选对象组合。对象组合前后的对比如图 4.51 所示。

图 4.51

下面举例说明组合后图形对象的特点。

① 先画一个稻草人填充区域，然后画一个与它相交的枫叶，如图 4.52 所示。此时如果将枫叶移动到另一个地方，会发现原来稻草人中两图相交的部分被覆盖掉了，如图 4.53 所示。

图 4.52　　　　　　　　　　　　　　　　　图 4.53

② 重新绘制一个稻草人，然后将它组合，再绘制一个与它相交的不同填充色的枫叶，如图 4.54 所示。将枫叶选中并拖动其位置，会发现枫叶没有被覆盖，如图 4.55 所示。这就说明组合后对象的填充部分和轮廓组合为一体，与其他对象重新叠放后不会被其他对象覆盖。

(2) 取消组合：取消组合是组合的逆操作，也就是把一个组合的对象分开。具体操作是，选中需要取消组合的对象，单击 命令即可。如图 4.56 所示是组合的两个对象，如图 4.57 所示是取消组合后的对象。

图 4.54　　　　　　图 4.55　　　　　　图 4.56　　　　　　图 4.57

(3) 锁定对象：在制作出一个完美的对象后，为了确保在编辑同一舞台中的其他对象时不会改变这个完美的对象，可以将对象锁定。使用这一功能可以锁定多个对象的属性，也可以锁定对象的组合。

锁定对象的操作方法：选中需要锁定的对象，单击 修改(M) → 排列(A) → 锁定(L)　Ctrl+Alt+L 命令，即可完成对对象的锁定。

(4) 解除全部锁定：如果对锁定的对象进行编辑操作，则必须先对它解除全部锁定。具体操作方法是，选择需要解除锁定的对象，然后单击 修改(M) → 排列(A) → 解除全部锁定(U) Ctrl+Alt+Shift+L 命令。

4.2　平面动画效果

4.2.1　案例一：滚动的色环

一、案例效果预览

案例效果见本书提供的"第 4 章 Flash CS5 动画制作/滚动的色环.swf"文件。通过预览了解本案例的最终效果。本案例主要使用 Flash CS5 的直线工具、填充工具、钢笔工具、补间动画命令和创建传统引导图层命令来制作一个滚动的色环效果。通过该案例的学习，使学生掌握路径动画制作的原理、方法和技巧。

二、本案例画面效果及制作步骤(流程)分析

案例画面效果如下:

案例制作的大致步骤:

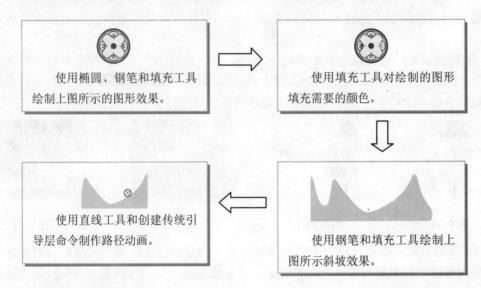

使用椭圆、钢笔和填充工具绘制上图所示的图形效果。	使用填充工具对绘制的图形填充需要的颜色。
使用直线工具和创建传统引导层命令制作路径动画。	使用钢笔和填充工具绘制上图所示斜坡效果。

三、详细操作步骤

1. 制作色环

步骤 1:运行 Flash CS5,新建一个名为"滚动的色环.fla"文件。

步骤 2:单击 插入(I)→新建元件(N)... Ctrl+F8 命令,弹出【创建新元件】对话框,具体设置如图 4.58 所示,单击 确定 按钮,新建一个图形元件。

步骤 3:使用 ◯(椭圆)工具、◊(钢笔)工具,绘制如图 4.59 所示的图形,使用 ◊(填充)工具填充图案,最终效果如图 4.60 所示。

图 4.58

图 4.59

图 4.60

步骤 4: 单击时间轴左上角的 场景1 按钮,返回场景。

2. 制作斜坡

步骤 1： 单击 插入(I) → 新建元件(N)... Ctrl+F8 命令，弹出【创建新元件】对话框，具体设置如图 4.61 所示，单击 确定 按钮，新建一个"图形"元件。

步骤 2： 使用 ◊(钢笔)工具绘制如图 4.62 所示的图形。

步骤 3： 单击工具箱中的 ♦(颜料桶)工具，将图形填充为黄色，效果如图 4.63 所示。

步骤 4： 单击时间轴左上角的 场景1 按钮，返回场景。

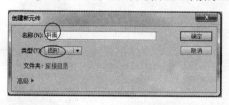

图 4.61

图 4.62

图 4.63

3. 制作路径动画

步骤 1： 单击时间轴左下角的 ▫(新建图层)按钮，插入一个新图层，并重命名，如图 4.64 所示。

步骤 2： 在 色环 图层上右击，弹出快捷菜单，单击 添加传统运动引导层 命令，创建一个引导线图层，如图 4.65 所示。

步骤 3： 单击工具箱中的 \(直线)工具，在舞台中绘制直线，并使用【选择】工具调整直线，效果如图 4.66 所示。

图 4.64

图 4.65

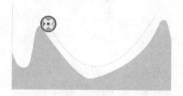

图 4.66

步骤 4： 分别在"斜面"、"引导层"图层的第 80 帧处右击，弹出快捷菜单，单击 插入帧 命令，此时将分别在"斜面"、"引导层"图层的第 80 帧处插入帧。

步骤 5： 分别在"色环"图层的第 40、80 帧处右击，弹出快捷菜单，单击 插入关键帧 命令，此时将分别在"色环"图层的第 40、80 帧处插入关键帧。

步骤 6： 单击"色环"图层，选中"色环"图层的所有帧，在被选中的任意帧上右击，弹出快捷菜单，单击 创建传统补间 命令，为该层创建补间动画。

步骤 7： 分别调整"色环"图层的第 1、40、80 帧的"色环"元件的位置，分别如图 4.67～图 4.69 所示。

图 4.67

图 4.68

图 4.69

步骤 8："色环"图层中第 1、40 帧的【属性】面板设置如图 4.70 和图 4.71 所示，最终效果如图 4.72 所示。

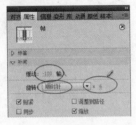

图 4.70

图 4.71

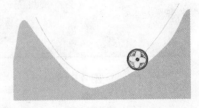
图 4.72

步骤 9：完整动画效果请观看从本书提供的网页下载的素材第 4 章的"色环运动.swf" Flash 文件。

四、举一反三

使用前面所学知识绘制如下所示的图形，完整效果请观看"第 4 章 Flash CS5 文字特效/滚动的色环练习.swf"文件。

4.2.2 案例二：放大镜

一、案例效果预览

案例效果见本书提供的"第 4 章 Flash CS5 动画制作/放大镜.swf"文件。通过预览了解本案例的最终效果。本案例主要使用 Flash CS5 的导入图片、遮罩和基本脚本语言来制作放大镜效果。通过该案例的学习，使学生掌握基本脚本语言的作用和使用方法。

二、本案例画面效果及制作步骤(流程)分析

案例画面效果如下：

案例制作的大致步骤：

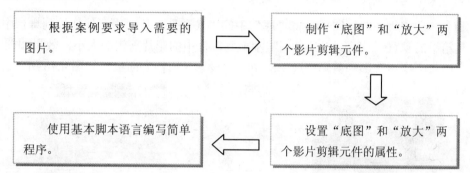

三、详细操作步骤

1. 创建影片剪辑元件

步骤 1：运行 Flash CS5，新建一个名为"放大镜.fla"的文件。

步骤 2：单击 文件(F) → 导入(I) → 导入到库(L) 命令，弹出【导入到库】对话框。选择"放大镜.png"和"放大镜底图.jpg"两张图片，单击 打开(O) 按钮，将图片导入到库中。

步骤 3：单击 插入(I) → 新建元件(N)... Ctrl+F8 命令，弹出【创建新元件】对话框，具体设置如图 4.73 所示，单击 确定 按钮，新建一个影片剪辑元件。

步骤 4：将"库"中的"放大镜底图.jpg"图片拖到工作区。在图片上右击，弹出快捷菜单，单击 分离 命令，将图片分离，并利用【选择】工具框住不要的部分，将其删除，最终效果如图 4.74 所示。

图 4.73

图 4.74

步骤 5：单击时间轴左上角的 场景 1 按钮，返回场景。

步骤 6：单击 插入(I) → 新建元件(N)... Ctrl+F8 命令，弹出【创建新元件】对话框，按如图 4.75 所示进行设置，单击 确定 按钮，新建一个"影片剪辑"元件。

步骤 7：连续单击时间轴左下角的 (新建图层)按钮，插入两个新图层，并重命名，图层效果如图 4.76 所示。

图 4.75

图 4.76

2. 修改影片剪辑的属性和创建遮罩效果

步骤 1：选中"底图"图层，将"库"中的"底图"影片剪辑元件拖放到舞台中，并单击工具箱中的 ▓(任意变形)工具，调整刚拖到舞台中的影片剪辑的大小，效果如图 4.77 所示，在确保"底图"影片剪辑被选中的情况下设置【属性】面板，如图 4.78 所示。

图 4.77

图 4.78

步骤 2：单击"放大镜"图层，将"库"中的"放大镜.png"图片拖到工作区中，位置如图 4.79 所示。

步骤 3：单击"白色圈"图层，利用【椭圆】工具绘制一个椭圆，大小如图 4.80 所示。

步骤 4：在"底图"、"白色圈"图层的第 2 帧处右击，弹出快捷菜单，单击 插入帧 命令，分别给两个图层的第 2 帧插入一个普通帧。

步骤 5：在"放大镜"图层的第 2 帧处右击，弹出快捷菜单，单击 插入关键帧 命令，在第 2 帧处插入一个关键帧，图层效果如图 4.81 所示。

图 4.79

图 4.80

图 4.81

步骤 5：在"白色圈"图层上右击，弹出快捷菜单，单击 遮罩层 命令，创建遮罩效果，如图 4.82 所示。

3. 添加基本脚本语言

步骤 1：在"放大镜"图层的第 1 帧右击，弹出快捷菜单，单击 动作 命令，弹出【动作】对话框，在该对话框中输入如图 4.83 所示的脚本。

步骤 2：第 2 帧的脚本代码跟第 1 帧相同。

步骤 3：单击时间轴左上角的 场景1 按钮，返回场景。

图 4.82

图 4.83

步骤 4：单击时间轴左下角的 ▣ (新建图层)按钮，插入 1 个新图层，并重命名，图层效果如图 4.84 所示。

步骤 5：单击"底图"图层，选中该层，将"库"中的"底图 1"影片剪辑拖到舞台中。

步骤 6：单击"放大镜"图层，选中该层，将"库"中的"放大"影片剪辑拖到舞台中。位置、大小如图 4.85 所示。

步骤 7：选中"放大"影片剪辑，设置【属性】面板，如图 4.86 所示。

图 4.84

图 4.85

图 4.86

步骤 8：在"底图"的第 1 帧处右击，弹出快捷菜单，单击 动作 命令，弹出【动作-帧】对话框，输入如图 4.87 所示的脚本代码，最终效果如图 4.88 所示。

图 4.87

图 4.88

步骤 9：完整动画效果请观看本书提供的网页下载的素材第 4 章的"放大镜.swf"Flash 文件。

四、举一反三

使用前面所学知识绘制如下所示的图形，完整效果请观看"第 4 章 Flash CS5 文字特效/放大镜练习.swf"文件。

4.2.3 案例三：探照灯

一、案例效果预览

案例效果见本书提供的"第4章 Flash CS5 动画制作/探照灯.swf"文件。通过预览了解本案例的最终效果。本案例主要使用 Flash CS5 的矩形工具、遮罩、创建补间动画、图片的导入、元件符号的制作和 Alpha 值得设置来制作探照灯效果。通过该案例的学习，使学生掌握遮罩动画的制作原理。

二、本案例画面效果及制作步骤(流程)分析

案例画面效果如下：

案例制作的大致步骤：

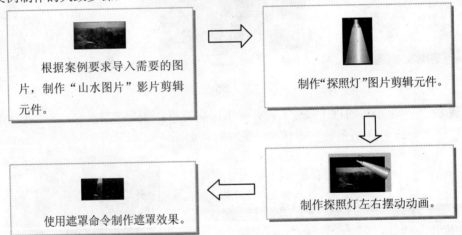

根据案例要求导入需要的图片，制作"山水图片"影片剪辑元件。

制作"探照灯"图片剪辑元件。

使用遮罩命令制作遮罩效果。

制作探照灯左右摆动动画。

三、详细操作步骤

1. 导入图片和制作"山水图片"影片剪辑元件

步骤1： 启动 Flash CS5，新建一个名为"探照灯.fla"的文件。

步骤2： 设置背景色为纯黑色。

步骤3： 单击 文件(F) → 导入(I) → 导入到库(L)... 命令，弹出【导入到库】对话框。选择要导入的图片，单击 打开(O) 按钮，将图片导入到"库"中。

步骤4： 单击 插入(I) → 新建元件(N)... Ctrl+F8 命令，弹出【创建新元件】对话框，按如图4.89所示进行设置，单击 确定 按钮，新建一个图形元件。

步骤5： 将"库"中刚导入的"桂林山水.jpg"图片拖到工作区，位置、大小如图4.90所示。

图 4.89　　　　　　　　　　　　　　　　图 4.90

步骤 6：单击时间轴左上角的 ⬅ 场景 1 按钮，返回场景。

2. 制作"探照灯"图形元件

步骤 1：单击 插入(I) → 新建元件(N)... Ctrl+F8 命令，弹出【创建新元件】对话框，按如图 4.91 所示进行设置，单击 确定 按钮，新建一个图形元件。

步骤 2：单击 ▭(矩形)工具，并设置填充色为 ▭，笔触颜色为 ⬜，按如图 4.92 所示设置填充颜色浮动面板。

步骤 3：绘制矩形，并利用 ▲ (部分选取)工具对绘制的矩形进行调整，最终效果如图 4.93 所示 (注意，在这里要绘制 3 个矩形，并且要一个个调整，再逐个填充)。

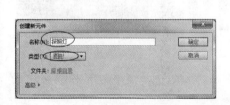

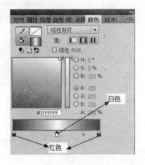

图 4.91　　　　　　　　图 4.92　　　　　　　　图 4.93

步骤 4：单击时间轴左上角的 ⬅ 场景 1 按钮，返回场景。

3. 制作动画遮罩效果

步骤 1：连续单击时间轴左下角 ⬛(创建新图层)按钮，插入两个新图层，并重命名，图层效果如图 4.94 所示。

步骤 2：将库中的"山水图片"元件分别拖到"山水图片"和"山水图片 1"两个图层中，将"探照灯"元件拖到"探照灯"图层中，图层效果如图 4.95 所示。舞台元件的位置如图 4.96 所示。

图 4.94　　　　　　　　图 4.95　　　　　　　　图 4.96

步骤 3：在"探照灯"层的第 40 帧和第 80 帧处，分别右击，弹出快捷菜单，单击 插入关键帧 命令，插入关键帧。

步骤 4：分别在"山水图片"、"山水图片 1"图层的第 80 帧处右击，弹出快捷菜单，单击 插入帧 命令，插入帧。图层效果如图 4.97 所示。

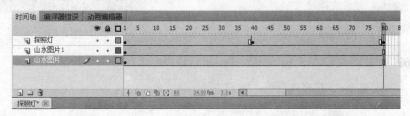

图 4.97

步骤 5：利用 ▦(任意变形)工具，调整"探照灯"图层中元件关键帧的位置，第 1 帧"探照灯"元件的位置如图 4.98 所示，第 40 帧"探照灯"元件的位置如图 4.99 所示，第 80 帧"探照灯"元件的位置如图 4.100 所示。

图 4.98   图 4.99   图 4.100

步骤 6：选中"探照灯"图层，在被选中的帧上右击，弹出快捷菜单，单击 创建传统补间 命令，此时，为"探照灯"层创建补间动画。

步骤 7：在"探照灯"层上右击，弹出快捷菜单，单击 遮罩层 命令，为图层创建遮罩效果。图层效果如图 4.101 所示。

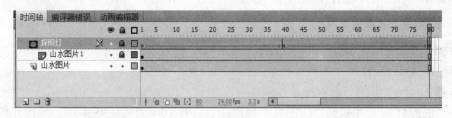

图 4.101

步骤 8：利用 ▸ (选择)工具，选中"山水图片"图层中的"山水图片"元件，设置元件【属性】面板，【属性】面板的具体设置如图 4.102 所示。

步骤 9：效果如图 4.103 所示。完整动画请观看从本书提供的网页下载的素材第 4 章的"探照灯.swf"Flash 文件。

图 4.102　　　　　　　　　　　　　　　　　图 4.103

四、举一反三

使用前面所学知识绘制如下所示的图形，完整效果请观看"第 4 章 Flash CS5 文字特效/探照灯练习.swf"文件。

提示：制作步骤同上，只是在制作探照灯时采用 柔化填充边缘(F)...... 命令制作探照灯，并在使用遮罩层上添加一个图层，复制"探照灯"图层所有帧到新增加的图层上，Alpha 设置值为 25%左右。

4.3　立体动画效果

4.3.1　案例四：发光效果

一、案例效果预览

案例效果见本书提供的"第 4 章 Flash CS5 动画制作/发光效果.swf"文件。通过预览了解本案例的最终效果。本案例主要使用 Flash CS5 的选择工具、矩形工具、遮罩、创建补间动画、元件符号的制作和遮罩命令来制作发光效果。通过该案例的学习，使学生掌握发光效果制作的原理、技巧和方法。

二、本案例画面效果及制作步骤(流程)分析

案例画面效果如下：

案例制作的大致步骤：

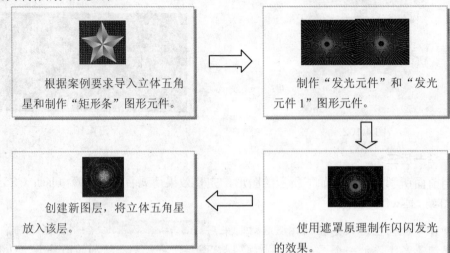

三、详细操作步骤

1. 制作"矩形条"图形元件

步骤 1：运行 Flash CS5 ，新建一个名为"发光效果.fla"的文件。

步骤 2：利用第 2 章所学知识制作一个如图 4.104 所示的"五角星"。

步骤 3：在【属性】浮动面板中，设置舞台颜色为"纯黑色"。

步骤 4：单击 插入(I) → 新建元件(N)... Ctrl+F8 命令，弹出【创建新元件】对话框，按如图 4.105 所示进行设置。

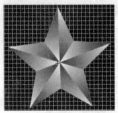

图 4.104

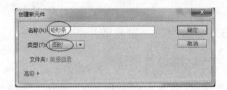

图 4.105

步骤 5：单击 视图(V) → 网格(D) → 显示网格(D) Ctrl+' 命令，设置网格线，如图 4.106 所示。

步骤 6：单击工具箱中的 □(矩形)工具，并设置笔触颜色为 ╱ ▭ ，填充色为 ◇ ▬(黄色)，在工作区绘制如图 4.107 所示的矩形。

步骤 7：单击时间轴左上角的 □ 场景 1 按钮，返回场景。

图 4.106

图 4.107

2. 制作"发光"图形元件

步骤 1：单击 插入(I) → 新建元件(N)... Ctrl+F8 命令，弹出【创建新元件】对话框，按如图 4.108 所示进行设置，单击 确定 按钮，新建一个图形元件。

步骤 2：将"库"中的"矩形条"元件符号拖到舞台中，位置如图 4.109 所示(位置在中心点位置右上角一格)。

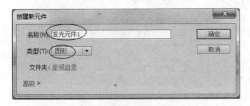

图 4.108

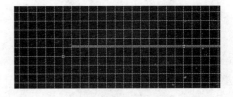

图 4.109

步骤 3：在确保"矩形条"被选中的条件下，单击工具箱中的 ▦ (任意变形)工具，将舞台中的"矩形条"的定位点移到舞台的中心，如图 4.110 中的"1"所示。

步骤 4：设置【变形】浮动面板，如图 4.111 所示。连续单击【变形】面板中的 ⊡ (重制选取和变形)按钮，直到得到如图 4.112 所示的图形。

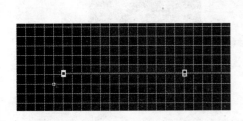

图 4.110

图 4.111

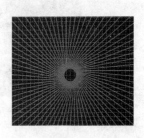

图 4.112

步骤 5：单击 编辑(E) → 全选(L) 命令，此时，选中舞台中的所有元件，在选中的元件上右击，弹出快捷菜单，单击 分离 命令，将所有选中的元件分离，如图 4.113 所示。

步骤 6：单击时间轴左上角的 ⬅场景 按钮，返回场景。

步骤 7：单击 插入(I) → 新建元件(N)... Ctrl+F8 命令，弹出【创建新元件】对话框，按如图 4.114 所示进行设置，单击 确定 按钮，新建一个图形元件。

步骤 8：将"库"中的"矩形条"元件符号拖到舞台中，位置如图 4.115 所示(位置在中心点位置右下角一格)。

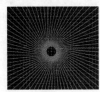

图 4.113

图 4.114

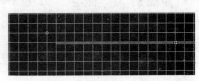

图 4.115

步骤 9：确保"矩形条"被选中的条件下，单击工具箱中的 ■■(任意变形)工具，将舞台中的"矩形条"的定位点移到舞台的中心，如图 4.116 所示。

步骤 10：设置【变形】浮动面板，如图 4.117 所示。连续单击【变形】面板中的 ■(重制选取和变形)按钮，得到如图 4.118 所示的图形。

步骤 11：单击 编辑(E)→ 全选(L) 命令，此时，选中舞台中的所有元件，在选中的元件上右击，弹出快捷菜单，单击 分离 命令，将所有选中的元件分离，如图 4.119 所示。

图 4.116

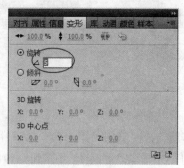

图 4.117

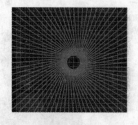

图 4.118

图 4.119

步骤 12：单击时间轴左上角的 ■ 场景 1 按钮，返回场景。

3. 制作"发光"动画效果

步骤 1：将"发光元件 1"拖到舞台中，并放到中心位置。

步骤 2：单击时间轴左下角的 ■(新建图层)按钮，新建一个"图层 2"，并选中"图层 2"，将"发光元件 2"拖到舞台中，位置如图 4.120 所示。

步骤 3：在"图层 1"的第 10 帧处插入关键帧，在"图层 2"的第 15 帧处插入普通帧，如图 4.121 所示。

步骤 4：为"图层 1"创建传统补间动画，"补间"动画面板的设置如图 4.122 所示。

步骤 5：在"图层 2"上右击，弹出快捷菜单，单击 遮罩层 命令，创建遮罩效果，图层面板如图 4.123 所示，最终效果如图 4.124 所示。

图 4.120

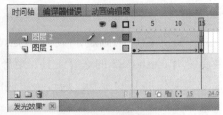

图 4.121

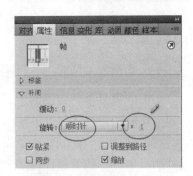

图 4.122

图 4.123

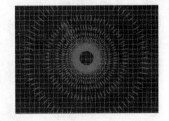

图 4.124

步骤 6：单击时间轴左下角的 □(新建图层)按钮，新建一个图层并命名为"五角星"，将"五角星"拖到舞台中，图层效果如图 4.125 所示。

步骤 7：调整"五角星"的大小和位置，效果如图 4.126 所示。完整动画请观看从本书提供的网页下载的素材——第 4 章的"发光效果.swf"Flash 文件。

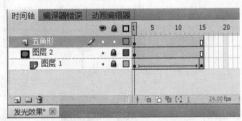

图 4.125

图 4.126

四、举一反三

使用前面所学知识绘制如下所示的图形。完整效果请观看"第 4 章 Flash CS5 文字特效/发光效果练习.swf"文件。

4.3.2 案例五：展开的画卷

一、案例效果预览

案例效果见本书提供的"第 4 章 Flash CS5 动画制作/发光效果.swf"文件。通过预览了解本案例的最终效果。本案例主要使用 Flash CS5 的选择工具、矩形工具、遮罩、创建补间动画、元件符号的制作和遮罩命令来制作展开的画卷。通过该案例的学习，使学生掌握展开的画卷制作的原理、技巧和方法。

二、本案例画面效果及制作步骤(流程)分析

案例画面效果如下：

案例制作的大致步骤：

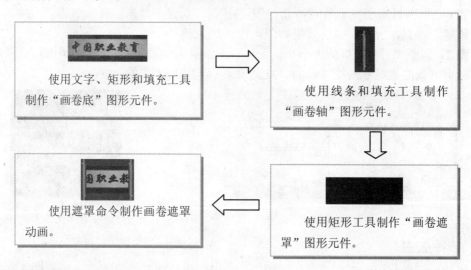

三、详细操作步骤

1. 制作"画卷底"图形元件

步骤 1：运行 Flash CS5 软件，新建一个名为"展开的画卷.fla"的文件。

步骤 2：设置舞台背景色为 舞台: ▇ (#006666)。

步骤 3：单击 插入 (I) → 新建元件 (N)... Ctrl+F8 命令，弹出【创建新元件】对话框，按如图 4.127 所示进行设置，单击 确定 按钮，新建一个图形元件。

步骤 4：单击 □ (矩形)工具，并设置填充色，如图 4.128 所示。

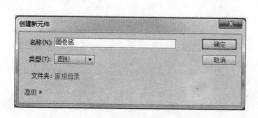

图 4.127

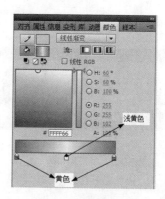

图 4.128

步骤 5：在工作区绘制一个矩形，大小、位置如图 4.129 所示。

步骤 6：单击＼(线条)工具，线条【属性】面板设置为如图 4.130 所示，在工作区绘制两条直线，如图 4.131 所示。

图 4.129

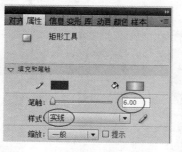

图 4.130

图 4.131

步骤 7：单击 （颜料桶)工具，设置颜色为 ■ (#990000)，填充工作区，如图 4.132 所示。

步骤 8：单击 T (文字)工具，设置文字的颜色为 ■ (#FF6600)，在工作区输入如图 4.133 所示的文字。

图 4.132

图 4.133

步骤 9：单击 T (文字)工具，设置文字的颜色为 ■ (#990000)，在工作区输入"中国职业教育"文字，并调整位置如图 4.134 所示。

步骤 10：单击时间轴左上角的 场景 1 按钮，返回场景。

2. 制作"画卷轴"图形元件

步骤 1：单击 插入 (I) → 新建元件(N)... Ctrl+F8 命令，弹出【创建新元件】对话框，具体设置如图 4.135

所示，单击 确定 按钮，新建一个图形元件。

图 4.134

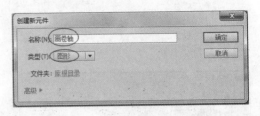

图 4.135

步骤 2：单击□(矩形)工具，设置填充色如图 4.136 所示，在工作区绘制如图 4.137 所示的卷轴。

步骤 3：单击＼(线条)工具，将 3 个矩形连接起来，如图 4.138 所示。

步骤 4：单击◇(颜料桶)工具，填充颜色的设置如图 4.139 所示。

步骤 5：对连接部分进行填充，并将连接线删除，如图 4.140 所示。

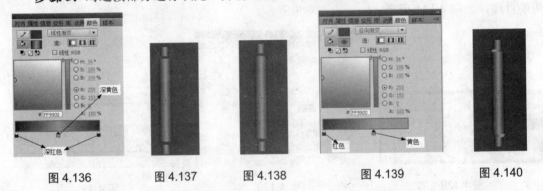

图 4.136　　　　图 4.137　　　　图 4.138　　　　图 4.139　　　　图 4.140

步骤 6：单击时间轴左上角的 场景1 按钮，返回场景。

3. 制作"画卷遮罩"图形元件

步骤 1：单击 插入(I) → 新建元件(N)... Ctrl+F8 命令，弹出【创建新元件】对话框，按如图 4.141 所示进行设置，单击 确定 按钮，新建一个图形元件。

步骤 2：在工作区绘制如图 4.142 所示的矩形。

步骤 3：单击时间轴左上角的 场景1 按钮，返回场景。

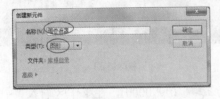

图 4.141

图 4.142

4. 制作展开的画卷动画

步骤 1：将"画卷底"拖到舞台中央位置，如图 4.143 所示，将"图层 1"重命名为"画卷底"。

步骤 2：单击 3 次时间轴左下角的 █(新建图层)按钮。插入 3 个图层，并分别命名为"画卷遮罩"、"画卷轴 1"、"画卷轴 2"，如图 4.144 所示。

步骤 3：分别将元件拖到相应的图层(在"画卷轴 1"、"画卷轴 2"两个图层均拖入同一个元件"画卷轴")，位置如图 4.145 所示。

图 4.143　　　　　　　　　　图 4.144　　　　　　　　　　图 4.145

步骤 4：在每个层的第 40 帧处插入关键帧，图层效果如图 4.146 所示。

步骤 5：元件在第 40 帧的位置如图 4.147 所示。

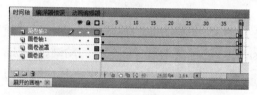

图 4.146　　　　　　　　　　　　　图 4.147

步骤 6：单击"画卷遮罩"层的第 1 帧，并选中该帧的"画卷遮罩"元件。

步骤 7：单击 █(任意变形)工具，并调整"画卷遮罩"元件的大小，如图 4.148 所示。

步骤 8：为"画卷遮罩"、"画卷轴 1"、"画卷轴 2"3 个图层创建传统补间动画，图层效果如图 4.149 所示。

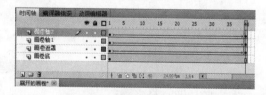

图 4.148　　　　　　　　　　　图 4.149

步骤 9：在"画卷遮罩"层上右击，弹出快捷菜单，单击 █遮罩层 命令，创建遮罩效果，图层效果如图 4.150 所示。

步骤 10：最终效果如图 4.151 所示，完整动画请观看从本书提供的网页下载的素材第 4 章的"遮罩效果.swf"Flash 文件。

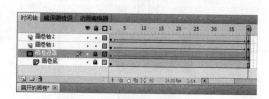

图 4.150　　　　　　　　　　　图 4.151

四、举一反三

使用前面所学知识绘制如下所示的图形，完整效果请观看"第 4 章 Flash CS5 文字特效/展开的画卷效果练习.swf"文件。

4.3.3 案例六：旋转的地球

一、案例效果预览

案例效果见本书提供的"第 4 章 Flash CS5 动画制作/旋转的地球.swf"文件。通过预览了解本案例的最终效果。本案例主要使用 Flash CS5 的椭圆工具、创建补间动画、Alpha 值的设置、遮罩和图片的导入来制作旋转的地球。通过该案例的学习，使学生掌握旋转的地球制作的原理、技巧和方法。

二、本案例画面效果及制作步骤(流程)分析

案例画面效果如下：

案例制作的大致步骤：

使用椭圆工具配合颜色面板的设置，制作径向渐变椭圆图形元件。

使用图片制作"地图"图形元件。

使用遮罩命令制作旋转地球。

将"地图"图形元件制作传统补间动画效果。

三、详细操作步骤

1. 制作一个径向渐变的椭"圆图"形元件

步骤 1：运行 Flash CS5，新建一个名为"旋转的地球.fla"文件。

步骤 2：单击 插入(I)→新建元件(N)... Ctrl+F8 命令，弹出【创建新元件】对话框，按如图 4.152 所示进行设置，单击 确定 按钮，新建一个图形元件。

步骤 3：单击工具箱中的○(椭圆)工具，设置填充色为 ，【颜色】浮动面板如图 4.153 所示，笔触颜色设置为 。

步骤 4：在工作区域绘制一个椭圆，如图 4.154 所示。

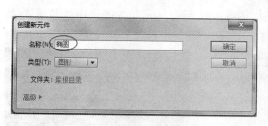
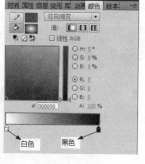

图 4.152　　　　　　　图 4.153　　　　　　　图 4.154

步骤 5：单击时间轴左上角的 场景1 按钮，返回场景。

2. 制作一个"地图"图形元件

步骤 1：单击 插入(I)→新建元件(N)... Ctrl+F8 命令，弹出【创建新元件】对话框，具体设置如图 4.155 所示，单击 确定 按钮，新建一个图形元件。

步骤 2：单击 文件(F)→导入(I)→导入到舞台(I)... Ctrl+R 命令，此时，弹出一个【导入】对话框。选中要导入的图片，单击 打开(O) 按钮，将图片导入到工作区，如图 4.156 所示。

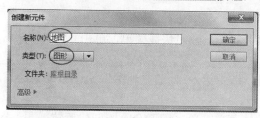

图 4.155　　　　　　　图 4.156

步骤 3：在导入的图片上右击，弹出快捷菜单，单击 分离 命令，将图片分离，如图 4.157 所示。

步骤 4：单击工具箱中的 (选择)工具，将分离的地图不要的部分框中，按 Delete 键，将其删除，最终效果如图 4.158 所示。

图 4.157　　　　　　　　　　　　　　图 4.158

步骤 5：单击时间轴左上角的 按钮，返回场景。

3. 制作地球旋转动画

步骤 1：连续单击时间轴左下角的 ▢(新建图层)按钮，插入两个新图层，并重命名，图层效果如图 4.159 所示。

步骤 2：分别将"地图"、"椭圆"元件拖到对应的图层中(对"椭圆 1"、"椭圆 2"两个图层拖入同样的"椭圆"元件)，图层效果如图 4.160 所示，元件在舞台中的位置关系如图 4.161 所示。

图 4.159　　　　　　　　　图 4.160　　　　　　　　　图 4.161

步骤 3：在"地图"图层的 60 帧处插入关键帧，在"椭圆 1"、"椭圆 2"图层的第 60 帧处插入帧。图层效果如图 4.162 所示。

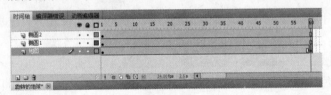

图 4.162

步骤 4：在"地图"层的 60 帧中的任意帧上右击，弹出快捷菜单，单击 创建传统补间 命令，为"地图"层创建补间动画。

步骤 5：单击"地图"层的第 60 帧，此时，选中第 60 帧的"地图"元件并调整位置，如图 4.163 所示。

步骤 6：在"椭圆 1"图层上右击，弹出快捷菜单，单击 遮罩层 命令，创建遮罩效果。图层效果如图 4.164 所示。

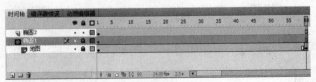

图 4.163　　　　　　　　　　　图 4.164

步骤 7：单击"椭圆 2"图层，选中该图层中的椭圆，设置"椭圆"元件的属性如图 4.165 所示，效果如图 4.166 所示。完整动画效果请观看本书提供的网页下载的素材第 4 章的"旋转的地球.swf"Flash 文件。

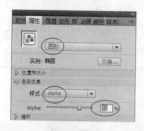

图 4.165

图 4.166

本案例主要介绍如何利用 Flash CS5 的基础知识制作一个地球旋转的效果。在制作该效果的时候，要特别注意"椭圆 2"图层的椭圆的 Alhpa 值的设置，否则就做不出立体效果。

四、举一反三

使用前面所学知识绘制如下所示的图形，完整效果请观看"第 4 章 Flash CS5 文字特效/旋转的地球效果练习.swf"文件。

4.3.4　案例七：水波效果

一、案例效果预览

案例效果见本书提供的"第 4 章 Flash CS5 动画制作/水波效果.swf"文件。通过预览了解本案例的最终效果。本案例主要使用 Flash CS5 的套索工具、导入图片、创建传统补间动画、遮罩和创建元件来制作水波效果。通过该案例的学习，使学生掌握水波效果制作的原理、技巧和方法。

二、本案例画面效果及制作步骤(流程)分析

案例画面效果如下：

案例制作的大致步骤:

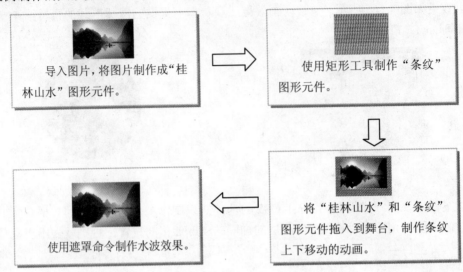

三、详细操作步骤

1. 制作"桂林山水"图形元件

步骤 1:运行 Flash CS5,新建一个名为"水波效果.fla"的文件。

步骤 2:单击 文件(F) → 导入(I) → 导入到库(L)... 命令,弹出【导入到库】对话框。选择"桂林山水.jpg"图片,单击 打开(O) 按钮,将图片导入到库中。

步骤 3:单击 插入(I) → 新建元件(N)... Ctrl+F8 命令,弹出【创建新元件】对话框,具体设置如图 4.167 所示,单击 确定 按钮,新建一个图形元件。

步骤 4:将刚导入的"桂林山水.jpg"图片拖到工作区。在图片上右击,弹出快捷菜单,在快捷菜单中单击 分离 命令,将图片分离,效果如图 4.168 所示。

步骤 5:单击 ▶ (选择)工具,将不要的部分框选,按 Delete 键,将其删除。效果如图 4.169 所示。

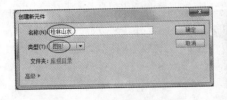

图 4.167

图 4.168

图 4.169

步骤 6:单击时间轴左上角的 场景 1 按钮,返回场景。

2. 制作"条纹"图形元件

步骤 1:单击 插入(I) → 新建元件(N)... Ctrl+F8 命令,弹出【创建新元件】对话框,按如图 4.170 所示进行设置,单击 确定 按钮,新建一个图形元件。

步骤 2：单击▢(矩形)工具，设置填充颜色为 ◇▬▬，笔触颜色为 ╱▱，在工作区绘制矩形条，效果如图 4.171 所示。

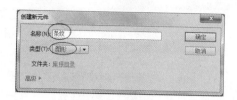

图 4.170　　　　　　　　　　　　　　　图 4.171

步骤 3：单击时间轴左上角的 [≦ 场景 1] 按钮，返回场景。

3. 制作水波动画效果

步骤 1：连续单击时间轴左下角的 ◧(新建图层)按钮，插入 3 个新图层，并重命名，图层效果如图 4.172 所示。

步骤 2：将"桂林山水"元件分别拖到"桂林山水 1"、"桂林山水 2"、"桂林山水 3"图层，将"条纹"元件拖到"条纹"图层，如图 4.173 所示。

步骤 3：选择"桂林山水 2"图层中的"桂林山水"元件，单击工具箱中的 ▥(任意变形)工具，对该元件进行调整，如图 4.174 所示。

图 4.172　　　　　　　　　图 4.173　　　　　　　　　图 4.174

步骤 4：在"条纹"图层的第 60 帧处右击，弹出快捷菜单，单击[插入关键帧]命令，插入关键帧。分别在"桂林山水 1"、"桂林山水 2"、"桂林山水 3"图层的第 60 帧处右击，在弹出的快捷菜单中单击[插入帧]命令，为这 3 个图层分别插入帧。图层效果如图 4.175 所示。

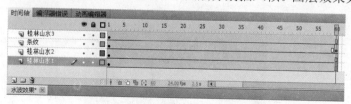

图 4.175

步骤 5：将"条纹"图层中第 60 帧处的"条纹"元件往下移动，直到移到如图 4.176 所示的位置。

步骤 6：在"条纹"图层前 60 帧的任意帧上右击，弹出快捷菜单，单击[创建传统补间]命令，创建补间动画。

步骤 7：在"条纹"图层上右击，弹出快捷菜单，在快捷菜单中单击 遮罩层 命令，创建遮罩效果。图层效果如图 4.177 所示。

图 4.176

图 4.177

步骤 8：选中"桂林山水 3"图层中的"桂林山水"元件，在该元件上右击，弹出快捷菜单，单击 分离 命令，将该元件分离。

步骤 9：单击【选取】工具，选中要删除的部分，如图 4.178 所示。

步骤 10：按 Delete 键，将选中的部分删除，效果如图 4.179 所示。

图 4.178

图 4.179

完整动画效果请观看从本书提供的网页下载的素材第 4 章的"水波效果.swf"Flash 文件。

四、举一反三

使用前面所学知识绘制如下所示的图形，完整效果请观看"第 4 章 Flash CS5 文字特效/水波效果练习.swf"文件。

4.3.5　案例八：礼花绽放

一、案例效果预览

案例效果见本书提供的"第 4 章 Flash CS5 动画制作/礼花绽放效果.swf"文件。通过预览了解本案例的最终效果。本案例主要使用 Flash CS5 的铅笔工具、椭圆工具、遮罩、创建传统补间动画、创建符号元件、填充色的设置和将线条转换为填充来制作礼花绽放效果。通过该案例的学习，使学生掌握礼花绽放效果制作的原理、技巧和方法。

二、本案例画面效果及制作步骤(流程)分析

案例画面效果如下：

案例制作的大致步骤：

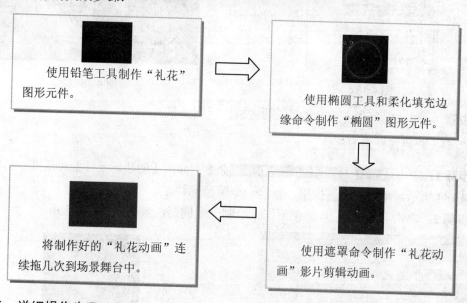

三、详细操作步骤

1. 制作"礼花"图形元件

步骤 1： 运行 Flash CS5，新建一个名为"礼花绽放.fla"的文件。

步骤 2： 设置舞台颜色为纯黑色。

步骤 3： 单击 插入(I) → 新建元件(N)... Ctrl+F8 命令，弹出【创建新元件】对话框，按如图 4.180 所示进行设置，单击 确定 按钮，新建一个图形元件。

步骤 4：单击工具箱中的【铅笔】工具，在工作区绘制如图 4.181 所示的效果。

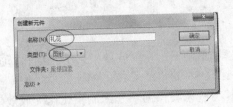

图 4.180

图 4.181

步骤 5：选中所绘制的图形，单击 修改(M) → 形状(P) → 将线条转换为填充(C) 命令，将绘制的图形转换为填充图形。

步骤 6：选中填充图形，单击工具箱中的 (颜料桶)工具，并设置【颜色】浮动面板，如图 4.182 所示。填充效果如图 4.183 所示。

图 4.182

图 4.183

步骤 7：单击时间轴左上角的 场景1 按钮，返回场景。

2. 制作"椭圆"图形元件

步骤 1：单击 插入(I) → 新建元件(N)... Ctrl+F8 命令，弹出【创建新元件】对话框，具体设置如图 4.184 所示，单击 确定 按钮，新建一个图形元件。

步骤 2：单击 (椭圆)工具，在工作区绘制一个椭圆，效果如图 4.185 所示。

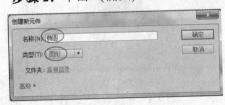

图 4.184

图 4.185

步骤 3：选中绘制的椭圆，单击 修改(M) → 形状(P) → 柔化填充边缘(F)... 命令，弹出【柔化填充边缘】对话框，具体设置如图 4.186 所示，单击 确定 按钮，图形效果如图 4.187 所示。

步骤 4：选中需要删除的部分，按 Delete 键，将所选中的部分删除，如图 4.188 所示。

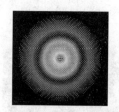

图 4.186　　　　　　　　　图 4.187　　　　　　　　　图 4.188

步骤 5：单击时间轴左上角的按钮，返回场景。

3. 制作"礼花动画"影片剪辑元件

步骤 1：单击 插入(I) → 新建元件(N)... Ctrl+F8 命令，弹出【创建新元件】对话框，具体设置如图 4.189 所示，单击 确定 按钮，新建一个"图形"元件。

步骤 2：单击时间轴左下角的 (新建图层)按钮，插入一个新图层，并重命名，图层效果如图 4.190 所示。

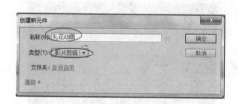

图 4.189　　　　　　　　　　　　　图 4.190

步骤 3：将"库"中的"礼花"元件拖到"礼花"图层中，将库中的"椭圆"元件拖到"椭圆"图层中，图层效果如图 4.91 所示。

步骤 4：利用工具箱中的 (任意变形)工具调整椭圆的大小，如图 4.192 所示。

图 4.191　　　　　　　　　　　　图 4.192

步骤 5：在"礼花"图层的第 10 帧处右击，弹出快捷菜单，单击 插入帧 命令，此时在该层的第 10 帧处插入普通帧。

步骤 6：在"椭圆"层的第 10 帧处右击，弹出快捷菜单，单击 插入关键帧 命令，此时在该层的第 10 帧处插入一个关键帧。图层效果如图 4.193 所示。

步骤 7：单击"椭圆"层的第 1 帧，选中该帧的"椭圆"元件，单击工具箱中的【任意变形】工具，调整该元件的大小如图 4.194 所示。

步骤 8：在"椭圆"前 10 帧中的任意帧上右击，弹出快捷菜单，单击 创建传统补间 命令，为"椭圆"图层创建补间动画。

步骤 9：在"椭圆"图层上右击，弹出快捷菜单，单击 遮罩层 命令，创建遮罩效果。图层效果如图 4.195 所示。

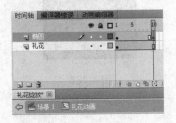
图 4.193

图 4.194

图 4.195

步骤 10：最终效果如图 4.196 所示。

步骤 11：单击时间轴左上角的 场景1 按钮，返回场景。

步骤 12：将"礼花动画"影片剪辑拖到舞台中(可以根据需要多拖几次)，最终效果如图 4.197 所示。

图 4.196

图 4.197

完整动画请观看从本书提供的网页下载的素材文件中的第 4 章的"礼花绽放.swf"Flash 文件。

四、举一反三

使用前面所学知识绘制如下所示的图形，完整效果请观看"第 4 章 Flash CS5 文字特效/礼花绽放效果练习.swf"文件。

4.4　形状动画效果

4.4.1　案例九：海浪线

一、案例效果预览

案例效果见本书提供的"第 4 章 Flash CS5 动画制作/海浪线效果.swf"文件。通过预览了解本案例的最终效果。本案例主要使用 Flash CS5 的直线工具、选择工具、动作脚本、创建形状动画和新建元件来制作海浪线效果。通过该案例的学习，使学生掌握动作脚本语言的使用方法和作用。

二、本案例画面效果及制作步骤(流程)分析

案例画面效果如下：

案例制作的大致步骤：

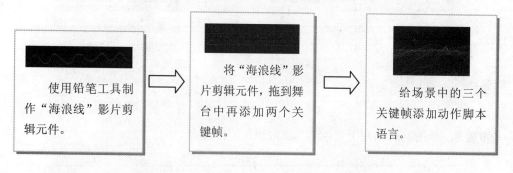

使用铅笔工具制作"海浪线"影片剪辑元件。　→　将"海浪线"影片剪辑元件，拖到舞台中再添加两个关键帧。　→　给场景中的三个关键帧添加动作脚本语言。

三、详细操作步骤

1. 制作"海浪线"影片剪辑元件

步骤 1：运行 Flash CS5，新建一个名为"海浪线.fla"的文件。

步骤 2：设置舞台背景颜色为纯黑色。

步骤 3：单击 插入(I) → 新建元件(N)... Ctrl+F8 命令，弹出【创建新元件】对话框，按如图 4.198 所示进行设置，单击 确定 按钮，新建一个图形元件。

步骤 4：单击工具箱中的 ✏(铅笔)工具，笔触颜色设置为红色。在工作区绘制如图 4.199 所示的曲线。

图 4.198

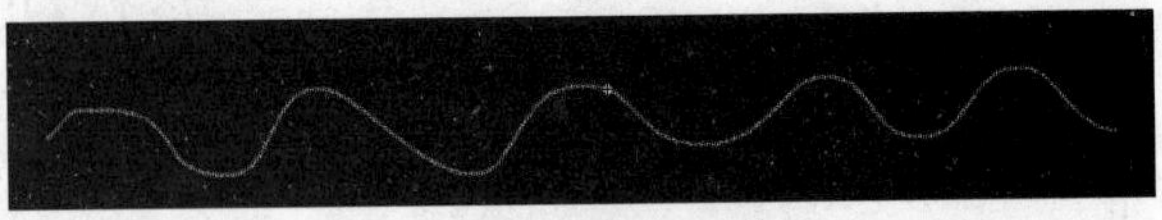

图 4.199

步骤 5： 在图层的第 10 帧处右击，在弹出的快捷菜单中单击 插入关键帧 命令，此时，在第 10 帧处插入一个关键帧，将该帧曲线的颜色改为蓝色，并进行形状调整，效果如图 4.200 所示。

步骤 6： 方法同步骤 5，分别在第 20、30、40 帧处插入关键帧，颜色分别为绿色、黄色、粉红色。形状分别如图 4.201～图 4.203 所示。

图 4.200

图 4.201

图 4.202

图 4.203

步骤 7： 单击该层，选中该层所有帧，如图 4.204 所示。设置【属性】面板如图 4.205 所示。

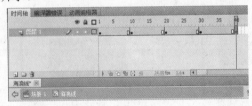

图 4.204

图 4.205

步骤 8： 单击时间轴左上角的 场景1 按钮，返回场景。

2. 给"海浪线"影片剪辑元件添加脚本语言

步骤 1： 将"库"中的"海浪线"影片剪辑元件拖到舞台中，位置如图 4.206 所示。

步骤 2： "海浪线"影片剪辑的【属性】面板设置如图 4.207 所示。

图 4.206

图 4.207

步骤 3：分别在"图层 1"的第 2 帧、第 3 帧处插入关键帧，效果如图 4.208 所示。

步骤 4：在"图层 1"的第 1 帧上右击，弹出快捷菜单，单击 动作 命令，弹出【动作帧】对话框，在该对话框中输入如图 4.209 所示的脚本。

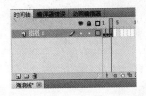

图 4.208

```
1  i = 1;
2  max = 80;
3  setProperty("0", _visible, false);
4  setProperty("0", _alpha, 0);
```

图 4.209

步骤 5：用同样的方法，在第 2 帧、第 3 帧处分别输入如图 4.210 与图 4.211 所示的代码。

```
1  duplicateMovieClip(i-1, i, i);
2  setProperty(i, _y, getProperty(i-1, _y)+i/10);
3  setProperty(i, _alpha, getProperty ( i-1, _alpha )+3);
4  setProperty(i, _xscale, getProperty(i-1, _xscale)+4);
5  i = i+1;
```

图 4.210

```
1  if (i<=max) {
2      gotoAndPlay(2);
3  } else {
4      stop();
5  }
```

图 4.211

完整动画效果请观看网上下载的素材第 4 章的"海浪线.swf"Flash 文件。

四、举一反三

使用前面所学知识绘制如下所示的图形，完整效果请观看"第 4 章 Flash CS5 文字特效/海浪线效果练习.swf"文件。

4.4.2　案例十：飘落的雨丝

一、案例效果预览

案例效果见本书提供的"第 4 章 Flash CS5 动画制作/飘落的雨丝效果.swf"文件。通过预览了解本案例的最终效果。本案例主要使用 Flash CS5 的铅矩形工具、图片的导入、遮罩、创建传统补间动画和符号元件来制作飘落的雨丝效果。通过该案例的学习，使学生掌握飘落的雨丝效果的制作原理、技巧和方法。

二、本案例画面效果及制作步骤(流程)分析

案例画面效果如下:

案例制作的大致步骤:

使用矩形工具制作"矩形条"图形元件。 → 使用"矩形条"图形元件制作"矩形块"图形元件。

使用"雨丝"影片剪辑元件和图片合成飘落的雨丝效果。 ← 使用"矩形块"图形元件制作"雨丝"影片剪辑元件。

三、详细操作步骤

1. 制作"矩形条"图形元件

步骤 1: 运行 Flash CS5,新建一个名为"飘落的雨丝.fla"的文件。

步骤 2: 设置舞台背景颜色为"纯黑色"。

步骤 3: 单击 →新建元件(N)... Ctrl+F8 命令,弹出【创建新元件】对话框,按如图 4.212 所示进行设置,单击 确定 按钮,新建一个图形元件。

步骤 4: 单击工具箱中的□(矩形)工具,设置填充色为 (白色),笔触颜色为 ⟋☐ ,在工作区绘制如图 4.213 所示的矩形条。

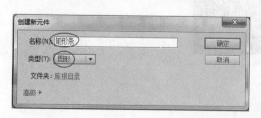

图 4.212

图 4.213

步骤 5: 单击时间轴左上角的 场景1 按钮,返回场景。

2. 制作"矩形条块"图形元件

步骤 1: 单击 插入(I)→新建元件(N)... Ctrl+F8 命令,弹出【创建新元件】对话框,按如图 4.214

所示进行设置，单击 确定 按钮，新建一个图形元件。

　　步骤 2：将"库"中的"矩形条"拖到舞台中，并复制若干条，效果如图 4.215 所示。

　　步骤 3：将所有矩形条选中，在选中的矩形条上右击，在弹出的快捷菜单中单击 分离 命令，将所有矩形条分离，效果如图 4.216 所示。

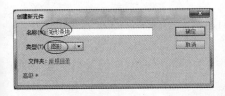  

图 4.214　　　　　　　　　　图 4.215　　　　　　　　　图 4.216

　　步骤 4：单击时间轴左上角 场景 1 按钮，返回场景。

3. 制作"雨丝"影片剪辑元件

　　步骤 1：单击 插入 (I) → 新建元件 (N)... Ctrl+F8 命令，弹出【创建新元件】对话框，按如图 4.217 所示进行设置，单击 确定 按钮，新建一个影片剪辑元件。

　　步骤 2：单击时间轴左下角的 (新建图层)按钮，创建一个新图层，重命名两个图层，如图 4.218 所示。

　　步骤 3：将"库"中的"矩形条块"分别拖到两个图层上，并对"矩形块 2"图层中的元件用 (任意变形)工具进行适当的变形旋转，效果如图 4.219 所示。

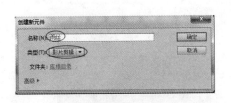  

图 4.217　　　　　　　　　图 4.218　　　　　　　　图 4.219

　　步骤 4：在"矩形块 2"图层的第 5 帧处插入关键帧，在"矩形块 1"图层的第 5 帧处插入帧，图层效果如图 4.220 所示。调整"矩形块 2"图层中第 5 帧中的元件位置，如图 4.221 所示。

　　步骤 5：在"矩形块 2"图层的第 1～5 帧的任意帧上右击，在弹出的快捷菜单中单击 创建传统补间 命令，创建传统补间动画。

　　步骤 6：在"矩形块 2"图层上右击，弹出快捷菜单，在快捷菜单中单击 遮罩层 命令，建立遮罩效果。图层效果如图 4.222 所示。

图 4.220　　　　　　　　图 4.221　　　　　　　　图 4.222

步骤 7：单击时间轴左上角的 ⬚场景1 按钮，返回场景。

4. 导入图片与"雨丝"影片剪辑元件合成下雨效果

步骤 8：单击 文件(F) → 导入(I) → 导入到库(L)... 命令，弹出【导入到库】对话框选择"桂林山水.jpg"图片，单击 打开(O) 按钮。

步骤 9：单击时间轴左下角的 ⬚(新建图层)按钮，创建一个新图层，重命名两个图层，如图 4.223 所示。

步骤 10：将导入的图片拖到"图片"图层中，将"库"中的"雨丝"影片剪辑元件拖到"雨丝"图层中，效果如图 4.224 所示。

图 4.223

图 4.224

步骤 11：选中"雨丝"图层中的"雨丝"影片剪辑元件，设置元件【属性】面板，如图 4.225 所示。

步骤 12：最终效果如图 4.226 所示，完整动画请观看本书前言中提供的网站下载的素材第 4 章的"飘落的雨丝.swf" Flash 文件。

图 4.225

图 4.226

四、举一反三

使用前面所学知识绘制如下所示的图形，完整效果请观看"第 4 章 Flash CS5 文字特效/飘落的雨丝效果练习.swf"文件。

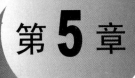

第5章　Flash CS5 按钮制作

知识点：

1. 简单按钮
2. 动画按钮
3. "别碰我"文字制作
4. 跟随光标的提示
5. 调节音量
6. 控制图片变化
7. 左右声道均衡调节
8. 用组件控制声音按钮
9. 选择乐曲播放
10. 使用按钮载入图片

说明：

本章主要介绍 Flash CS5 按钮的制作，通过 10 个案例全面讲解按钮的制作方法与技巧，学生对本章内容一定要掌握，它是制作交互动画的基础。

教学建议课时数：

一般情况下需 18 课时，其中理论 6 课时、实际操作 12 课时(可根据特殊情况做相应调整)。

5.1 按钮基础知识

5.1.1 按钮的介绍

1. 按钮简介

按钮是人机进行信息交互的基础，它对鼠标单击事件进行响应。按钮可对按钮静止、将鼠标指针移到按钮上、按下鼠标左键 3 种事件作出响应。这 3 种事件对应着按钮的 4 种状态：弹起(按钮静止)、指针经过(将鼠标指针移动到按钮上)、按下(按下按钮)、点击(定义按钮响应区域)。这 4 种状态定义了按钮的 4 个关键帧。下面详细介绍按钮的这 4 个关键帧。

(1)【弹起】帧：在【弹起】帧中定义按钮的正常显示效果，也就是按钮未被鼠标单击时所显示的效果。

(2)【指针经过】帧：定义当鼠标指针移到按钮上但不单击它时按钮的效果。一般该帧相对于【弹起】帧应有所改变。比如：可以定义当鼠标指针移到按钮上时按钮变色或放大、缩小等，对于文字按钮，可以定义当鼠标指针移到按钮上时文字变色或改变文字的字体等。

(3)【按下】帧：定义按钮按下时所出现的效果。对于图形按钮来说，按钮被按下时一般会定义得比未被按下时要小一些，这样，当按下按钮时，按钮会自动缩小，出现动态效果。

(4)【点击】帧：定义按钮的响应区域。在响应区域按下按钮时，系统才能响应按钮按下的事件。该区域在工作区中是不可见的。如要定义该帧，必须保证此区域包括按钮的弹起、指针经过和按下 3 种状态的区域；如不定义该帧，则系统会默认【弹起】帧状态为按钮的区域响应。

提示： 按钮虽然有 4 种状态，但可根据需要定义这 4 种帧状态，也可只定义一部分，但一些基本的帧必须定义。一般而言，【弹起】帧和【指针经过】帧必须定义。

2. 按钮的创建

1) 创建图形按钮

(1) 单击 插入(I) → 新建元件(N)... Ctrl+F8 命令，弹出【创建新元件】对话框，按如图 5.1 所示进行设置。

(2) 单击 确定 按钮进入按钮编辑区，时间轴中将出现按钮的 4 个状态帧，如图 5.2 所示。

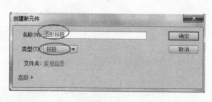

图 5.1

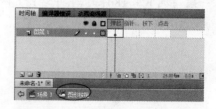

图 5.2

(3) 定义按钮的 4 个帧。在按钮中可以使用影片剪辑元件、图形元件或素材库中的组件对象。在这里我们利用绘图工具绘制按钮的 4 个帧。

① 定义【弹起】帧：利用前面所学知识在工作区域中绘制如图 5.3 所示的图形。

② 定义【指针经过】帧：用鼠标在【指针经过】帧处插入一个关键帧，此时【弹起】帧的图形被复制到【指针经过】帧的工作区。确保图形被选中，在【混色器】面板中进行色彩调整，得到如图 5.4 所示的图形。

③ 定义【按下】帧：用鼠标在【按下】帧处插入一个关键帧，此时【指针经过】帧的图形被复制到"按下"的工作区。确保图形被选中，在【混色器】面板中进行色彩调整，得到如图 5.5 所示的图形。

④ 定义【点击】帧：用鼠标在【点击】帧处插入一个关键帧，并进行大小的调整，得到如图 5.6 所示的图形。该帧主要是定义按钮的有效单击范围，在有效范围里按下按钮时，系统才认为该事件已经发生。如果不定义该帧，则系统默认【弹起】帧为响应区域。

图 5.3   图 5.4   图 5.5   图 5.6

(4) 单击图层左上角的 <kbd>场景 1</kbd> 按钮，返回场景，按钮制作完毕。

2) 创建文字按钮

(1) 单击 <kbd>插入(I)</kbd> → <kbd>新建元件(N)... Ctrl+F8</kbd> 命令，弹出【创建新元件】对话框，具体设置如图 5.7 所示。

(2) 单击 <kbd>确定</kbd> 按钮进入按钮编辑区，时间轴中将出现按钮的 4 个状态帧，如图 5.8 所示。

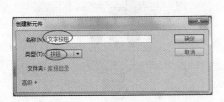

图 5.7

图 5.8

(3) 定义按钮的 4 个帧。在按钮中可以使用影片剪辑元件、图形元件或素材库中的组件对象。在这里我们利用绘图工具绘制按钮的 4 个帧。

① 定义【弹起】帧：利用文字工具和前面所学知识在工作区域中输入如图 5.9 所示的文字。

② 定义【指针经过】帧：用鼠标在【指针经过】帧处插入一个关键帧，此时【弹起】帧的文字被复制到【指针经过】帧的工作区。确保文字被选中，在文字【属性】面板中进行色彩调整，得到如图 5.10 所示的文字。

③ 定义【按下】帧：用鼠标在【按下】帧处插入一个关键帧，此时【指针经过】帧的

文字被复制到【按下】帧的工作区。确保文字被选中，在文字【属性】面板中进行色彩调整，得到如图 5.11 所示的文字。

④ 定义【点击】帧：用鼠标在【点击】帧处插入一个关键帧，并进行大小的调整，得到如图 5.12 所示的文字。该帧主要是定义按钮的有效单击范围，在有效范围里按下按钮时，系统才认为该事件已经发生。如果不定义该帧，则系统默认【弹起】帧为响应区域。

我的主页	我的主页	我的主页	我的主页
图 5.9	图 5.10	图 5.11	图 5.12

⑤ 单击图层左上角的 场景 1 按钮，返回场景，按钮制作完毕。

(4) 将按钮加入到场景中的方法：打开【库】面板，在场景中选中要插入的层中的关键帧，将"库"中的按钮拖到场景的舞台中即可。

(5) 预览按钮的两种方法：第一种，单击 控制(D) → 测试影片(M) Ctrl+Enter 命令；第二种，单击 控制(D) → 启用简单按钮(T) Ctrl+Alt+B 命令。

5.1.2 基本按钮的制作

1. 为图形按钮添加文字

通过给前面制作的图形按钮添加"瞬间艺术"文字，来讲解怎样为图形按钮添加文字，方法如下。

(1) 在场景中双击"图形按钮"，进入按钮编辑状态，如图 5.13 所示。

(2) 单击图层左下角的 (新建图层)按钮，添加一个新的图层，如图 5.14 所示。

图 5.13

图 5.14

(3) 单击"图层 2"的【弹起】帧，此时选中【弹起】帧，利用 (椭圆)工具和前面所学的知识绘制如图 5.15 所示的椭圆。

(4) 在"图层 2"的【指针经过】帧上右击，在弹出的快捷菜单中单击 插入关键帧 命令，插入一个关键帧。此时，该帧将复制【弹起】帧的椭圆，将该椭圆修改成如图 5.16 所示的效果。

(5) 在"图层 2"的【按下】帧上右击，在弹出的快捷菜单中单击 插入关键帧 命令，插入一个关键帧，此时，它将复制【指针经过】帧的椭圆，将该椭圆修改成如图 5.17 所示的效果。

图 5.15

图 5.16

图 5.17

(6) 单击图层左上角的 ⬜ 场景 1 按钮，返回场景，按钮修改完毕。

2．使用按钮加载外部影片

可以通过按钮将所做的其他影片加载到当前影片中进行播放，此功能在课件制作中使用频率非常高。在这里，我们来讲解加载外部影片的方法。

(1) 选中场景中的按钮，打开【动作】面板，输入"on(press){}"语句，将闪动的光标移到"{}"中间。

(2) 选择【动作】面板中的"loadMovie"语句，如图 5.18 所示。

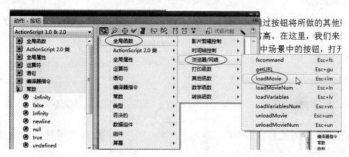
图 5.18

(3) 在"loadMovie()"的"()"中输入参数，如图 5.19 所示。

"donghua"：是要加载的影片名称，注意要加载的影片名称一定要是英文或数字，不能用中文命名，影片名字要用双引号。

■：表示加载的动画所处的层的位置。代码、函数、参数将在后面做详细介绍。

(4) 关闭【动作】面板，制作完毕。

3．为按钮添加电子邮件

在工作和学习中，电子邮件的使用非常频繁，在按钮中加入电子邮件对我们取用网上信息更为方便。其方法与按钮加载方法相同，只是要在 URL 框中输入 E-mail 地址，在添加地址前应先加入"mailto"。在【动作】面板中输入的语句如图 5.20 所示。

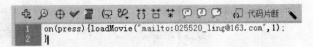

图 5.19 图 5.20

5.2 简单控制按钮的制作

5.2.1 案例一：简单按钮

一、案例效果预览

案例效果见本书提供的"第 5 章 Flash CS5 动画制作/简单按钮.swf"文件。通过预览了解本案例的最终效果。本案例主要使用 Flash CS5 的选择工具、任意变形工具、文字工具和颜色浮动面板来制作一个简单按钮效果。通过该案例的学习，使学生掌握简单按钮制作的方法和技巧。

二、本案例画面效果及制作步骤(流程)分析

案例画面效果如下：

鼠标离开后的效果 鼠标经过时的效果 鼠标按下时的效果

案例制作的大致步骤：

新建一个按钮元件。使用矩形工具和文字制作【弹起】帧的效果。

插入关键帧，改变【指针经过】帧的文字颜色。

将制作好的按钮拖到舞台中进行按钮测试。

插入关键帧，改变【按下】帧的文字颜色。

三、详细操作步骤

1. 简单按钮的制作

步骤 1：运行 Flash CS5，新建一个名为"简单按钮.fla"文件。

步骤 2：单击 插入(I)→ 新建元件(N)... Ctrl+F8 命令，弹出【创建新元件】对话框，具体设置如图 5.21 所示。单击 确定 按钮，【图层】面板如图 5.22 所示。

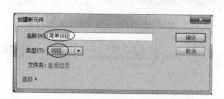

图 5.21

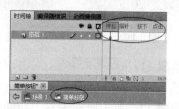

图 5.22

说明：

弹起 是指鼠标指针没有移到按钮上时显示的状态。

指针经过 是指鼠标指针移到按钮上时显示的状态。

按下 是指在按钮上按下鼠标左键时显示的状态。

点击 是指鼠标指针触发按钮的范围。

步骤 3：单击并选中图层的 弹起 帧。

步骤 4：单击工具箱中的 □(矩形)工具。将笔触颜色设置为 ▲ ■ ，矩形【颜色】浮动面板的设置如图 5.23 所示。【属性】浮动面板设置如图 5.24 所示，在工作区绘制一个矩形，如图 5.25 所示。

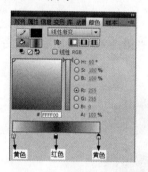

图 5.23

图 5.24

图 5.25

步骤 5：选择绘制的矩形，使用 ▦(任意变形)工具，对绘制的矩形进行旋转和缩放操作，删除左右两边的边框，最终效果如图 5.26 所示。

步骤 6：使用 T(文字)工具输入文字，如图 5.27 所示。

步骤 7：在 指针经过 帧上右键，在弹出的快捷菜单中单击 插入关键帧 命令，此时，在 指针经过 帧处插入一个关键帧。

步骤 8：单击 ▶(选择)工具，选中如图 5.27 所示的文字，改变文字的颜色，效果如图 5.28 所示。

步骤 9：在 按下 帧上右击，在弹出的快捷菜单中单击 插入关键帧 命令，此时，在 按下 帧处插入一个关键帧。

步骤 10：单击 ▶(选择)工具，选中如图 5.28 所示的文字部分，改变文字的颜色，效果如图 5.29 所示。

图 5.26　　　　　　图 5.27　　　　　　图 5.28　　　　　　图 5.29

步骤 11：在 点击 帧上右击，在弹出的快捷菜单中单击 插入关键帧 命令，此时，在 点击 帧处插入一个关键帧。

步骤 12：单击时间轴左上角的 场景1 按钮，返回场景。

2. 测试简单按钮

步骤 1：将"库"中的"简单按钮"拖到舞台中。

步骤 2：在菜单栏中单击 控制(O) → 启用简单按钮(T) 命令进行测试效果，如图 5.30 所示。

步骤 3：将鼠标指针移到按钮上的效果如图 5.31 所示。

步骤 4：按下鼠标指针时的效果如图 5.32 所示。

图 5.30　　　　　　　　图 5.31　　　　　　　　图 5.32

四、举一反三

使用前面所学知识绘制如下所示的图形，完整效果请观看"第 5 章 Flash CS5 文字特效/简单按钮练习.swf"文件。

5.2.2　案例二：动画按钮

一、案例效果预览

案例效果见本书提供的"第 5 章 Flash CS5 动画制作/动画按钮.swf"文件。通过预览了解本案例的最终效果。本案例主要使用 Flash CS5 的椭圆工具、文字工具、创建补间动画、添加传统运动引导层命令和分离命令来制作一个动画按钮效果。通过该案例的学习，使学生掌握动画按钮的制作原理、方法和技巧。

二、本案例画面效果及制作步骤(流程)分析

案例画面效果如下:

　　　　　　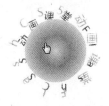

弹起　　　　　　　　　　指针经过　　　　　　　　　　按下

案例制作的大致步骤:

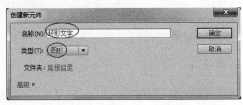

使用添加运动引导图层、转换为关键帧和分离命令来制作一个环形的文字图形元件。	使用创建传统补间命令和属性面板的设置来创建"环形文字动画"影片剪辑元件。
将制作好的按钮拖到舞台中进行按钮测试。	使用"环形文字动画"影片剪辑元件来制作一个动画按钮。

三、详细操作步骤

1. 制作"环形文字"图形元件

步骤 1:运行 Flash CS5,新建一个名为"动画按钮.fla"的文件。

步骤 2:单击 插入(I) → 新建元件(N)... Ctrl+F8 命令,弹出【创建新元件】对话框,具体设置如图 5.33 所示,单击 确定 按钮。

图 5.33

步骤 3:使用 (椭圆)工具和 **T**(文本)工具,利用第 3 章所学知识制作一个如图 5.34 所示的环形文字效果。

步骤 4:选中所有文字,单击 修改(M) → 分离(K) 命令,将文字分离。效果如图 5.35 所示。

步骤 5:单击 (颜料桶)工具,【颜色】浮动面板的具体设置如图 5.36 所示。对文字进行填充,填充之后的效果如图 5.37 所示。

图 5.34   图 5.35   图 5.36   图 5.37

步骤 6：单击时间轴左下角的 <u>场景 1</u> 按钮，返回场景。

2. 制作"环形文字动画"影片剪辑元件

步骤 1：单击 插入(I) → 新建元件(N)... Ctrl+F8 命令，弹出【创建新元件】对话框，具体设置如图 5.38 所示，单击 确定 按钮。

步骤 2：将【库】浮动面板中的"环形文字"图形元件拖到舞台中。

步骤 3：在"图层 1"的第 20 帧处插入一个关键帧。在"图层 1"中第 1～20 帧中的任意一帧的位置右击，在弹出的快捷菜单中单击 创建传统补间 命令，创建传统补间动画，如图 5.39 所示。

步骤 4：单击"图层 1"的第 1 帧，设置【属性】浮动面板，具体设置如图 5.40 所示。

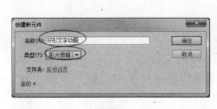   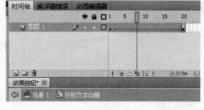   

图 5.38   图 5.39   图 5.40

步骤 5：单击时间轴左下角的 <u>场景 1</u> 按钮，返回场景。

3. 制作"动画按钮"元件

步骤 1：单击 插入(I) → 新建元件(N)... Ctrl+F8 命令，弹出【创建新元件】对话框，具体设置如图 5.41 所示，单击 确定 按钮。

步骤 2：单击 ◯(椭圆)工具，【属性】浮动面板设置如图 5.42 所示。【颜色】浮动面板如图 5.43 所示。

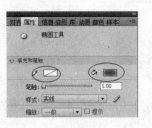

<table>
<tr><td>图 5.41</td><td>图 5.42</td><td>图 5.43</td></tr>
</table>

步骤 3：在舞台中间绘制一个如图 5.44 所示的椭圆效果。

步骤 4：在 指针经过 帧上右击，在弹出的快捷菜单中单击 插入关键帧 命令，将该椭圆效果修改成如图 5.45 所示。

步骤 5：在 按下 帧上右击，在弹出的快捷菜单中单击 插入关键帧 命令，将该椭圆效果修改成如图 5.46 所示。

步骤 6：在 点击 帧上右击，在弹出的快捷菜单中单击 插入关键帧 命令，此时将插入一个关键帧。

<table>
<tr><td>图 5.44</td><td>图 5.45</td><td>图 5.46</td></tr>
</table>

步骤 7：单击 (新建图层)按钮创建一个新图层，如图 5.47 所示。

步骤 8：在 指针经过 下的"图层 2"处插入一个关键帧，将"环行文字动画"从"库"中拖到舞台中，图层效果如图 5.48 所示，效果如图 5.49 所示。

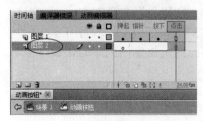

<table>
<tr><td>图 5.47</td><td>图 5.48</td><td>图 5.49</td></tr>
</table>

步骤 9：在 按下 下的"图层 2"处插入一个关键帧，将"环行文字动画"从"库"中拖到舞台中，图层效果如图 5.50 所示，【属性】浮动面板如 5.51 所示，效果如图 5.52 所示。

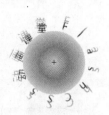

图 5.50 　　　　　　　　　　图 5.51 　　　　　　　　　　图 5.52

步骤 10：单击时间轴左下角的 按钮，返回场景。

4. 测试动画按钮

步骤 1：将"动画按钮"按钮从"库"中拖到舞台中。

步骤 2：单击 控制(O) → 测试影片(T) → 测试(T) 命令即可。

四、举一反三

使用前面所学知识绘制如下所示的图形，完整效果请观看"第 5 章 Flash CS5 文字特效/动画按钮练习.swf"文件。

提示：在制作如下效果的按钮时，要特别注意对绘制的矩形进行"柔化填充边缘"时，要进行两次，第一次选择【插入】单选按钮，第二次选择【扩展】单选按钮。完整的演示动画请观看本书提供的网页下载的素材第 5 章的"简单按钮 1.swf"Flash 文件。

弹起 　　　　　　　　　　指针经过

5.2.3　案例三："别碰我"文字制作

一、案例效果预览

案例效果见本书提供的"第 5 章 Flash CS5 动画制作/"别碰我"文字制作.swf"文件。通过预览了解本案例的最终效果。本案例主要使用 Flash CS5 的椭圆工具、文字工具、图片导入命令、分离命令和属性面板设置来制作动画按钮效果。通过该案例的学习，让学生巩固动画按钮的制作原理、方法和技巧。

二、本案例画面效果及制作步骤(流程)分析

案例画面效果如下：

弹起 　　　　　　　　　指针经过 　　　　　　　　　按下

案例制作的大致步骤：

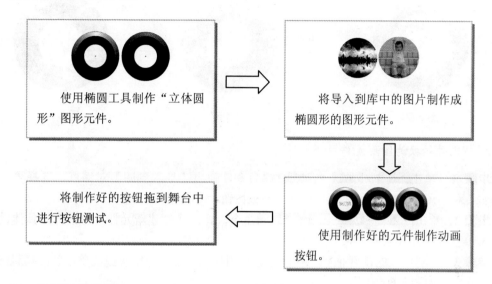

三、详细操作步骤

1. 绘制"立体圆形"图形元件

步骤 1：运行 Flash CS5，新建一个名为"别碰我.fla"文件。

步骤 2：单击 插入 (I) → 新建元件 (N)... Ctrl+F8 命令，弹出【创建新元件】对话框，具体设置如图 5.53 所示。单击 确定 按钮。

步骤 3：单击工具箱中的 (椭圆)工具，在【属性】面板中将填充色设置为 。在舞台区中绘制 4 个椭圆，如图 5.54 所示。

步骤 4：单击 (填充)工具，在【属性】面板中将填充色设置为 。在椭圆最外环处单击，效果如图 5.55 所示。

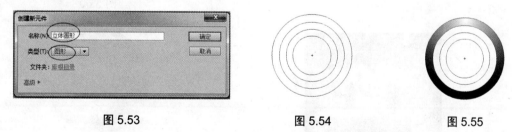

图 5.53　　　　　　　　　　图 5.54　　　　　　　　　图 5.55

步骤 5：在【属性】面板中将填充色设置为 。在椭圆最外环处单击，效果如图 5.56 所示。

步骤 6：在【属性】面板中将填充色设置为 。在椭圆最外环处单击，效果如图 5.57 所示。

步骤 7：单击时间轴左下角的 场景 按钮，返回场景。

步骤 8：方法同上再制作一个"立体圆形 1"图形元件，如图 5.58 所示。

图 5.56   图 5.57   图 5.58

2. 将图片转换为图形元件

步骤 1：单击 文件(F) → 导入(I) → 导入到库(L)... 命令，弹出【导入到库】对话框，选择"图片01.jpg"和"图片 02.jpg"图片。单击 打开(O) 按钮，导入图片。

步骤 2：单击 插入(I) → 新建元件(N)... Ctrl+F8 命令，弹出【创建新元件】对话框，具体设置如图 5.59 所示。单击 确定 按钮。

步骤 3：将刚导入的图片拖到工作区中，在图片上右击，弹出快捷菜单，单击 分离 命令，将图片分离，如图 5.60 所示。

步骤 4：单击 ◯(椭圆)工具，填充颜色设置为 ◐ ▱，在图片上绘制一个椭圆。如图 5.61所示。

步骤 5：使用 ▶(选择)工具选择需要删除的部分，按 Delete 键删除，效果如图 5.62 所示。

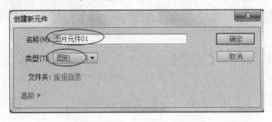

图 5.59

图 5.60

图 5.61

图 5.62

步骤 6：单击时间轴左上角的 场景 1 按钮，返回场景。

步骤 7：方法同上，创建一个名为"图片元件 02"图形元件。导入一张如图 5.63 所示的图片。

步骤 8：使用 ◯(椭圆)工具配合 Delete 键制作如图 5.64 所示的"图片元件 02"图形元件。

图 5.63

图 5.64

3. 制作"别碰我"动态按钮效果

步骤 1： 单击 插入(I) → 新建元件(N)... Ctrl+F8 命令，弹出【创建新元件】对话框，设置如图 5.65 所示。单击 确定 按钮。

步骤 2： 在 弹起 帧处右击，弹出快捷菜单，单击 插入关键帧 命令，将"立体圆形"图形元件拖到舞台中，调整好位置、大小，最终效果如图 5.66 所示。

步骤 3： 利用前面所学知识制作如图 5.67 所示的文字效果。

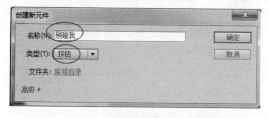

图 5.65

图 5.66

图 5.67

步骤 4： 分别在 指针经过 、 按下 、 点击 帧处右击，弹出快捷菜单，单击 插入关键帧 命令，此时即分别在 指针经过 、 按下 、 点击 帧处插入关键帧。

步骤 5： 在 指针经过 帧上单击，将库中的"立体圆形 1" 和"图片元件 01"拖到舞台中并调整好元件的位置和大小，效果如图 5.68 所示。

步骤 6： 在 按下 帧上单击，将库中的"立体圆形" 和"图片元件 02"拖到舞台中并调整好元件的位置和大小，效果如图 5.69 所示。

图 5.68

图 5.69

步骤 7： 单击时间轴左上角的 场景 1 按钮，返回场景。

4. 测试动画按钮

步骤 1： 将"别碰我"按钮从库中拖到舞台中。

步骤 2： 单击 控制(O) → 测试影片(T) → 测试(T) 命令即可。

四、举一反三

使用前面所学知识绘制如下所示的图形，完整效果请观看"第 5 章 Flash CS5 文字特效/"别碰我"文字制作练习.swf"文件。

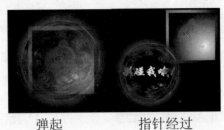

弹起　　　　　　　指针经过

5.2.4　案例四：跟随光标的提示

一、案例效果预览

案例效果见本书提供的"第 5 章 Flash CS5 动画制作/跟随光标的提示.swf"文件。通过预览了解本案例的最终效果。本案例主要使用 Flash CS5 的矩形工具、文字工具、图片导入命令、分离命令、属性面板设置和脚本语言的输入来制作跟随光标的提示效果。通过该案例的学习，使学生了解 Flash CS5 的脚本语言的编写方法。

二、本案例画面效果及制作步骤(流程)分析

案例画面效果如下：

案例制作的大致步骤：

导入图片，使用矩形工具、填充工具和分离命令制作六个动物的影片剪辑元件。

使用文字工具和属性面板的设置，制作一个"信息框"影片剪辑元件。

将制作好的影片剪辑元件拖到舞台中并设置它们的属性面板，给"信息框"影片剪辑元件添加脚本语言。

对制作好的效果进行测试检查。

三、详细操作步骤

1. 制作影片剪辑元件

步骤 1：运行 Flash CS5，新建一个名为"跟随光标的提示.fla"的文件。

步骤 2：单击 文件(F) → 导入(I) → 导入到库(L)... 命令，弹出【导入到库】对话框，选择图片。单击 打开(O) 按钮导入图片，如图 5.70 所示。

步骤 3：单击 插入(I) → 新建元件(N)... Ctrl+F8 命令，弹出【创建新元件】对话框，具体设置如图 5.71 所示。单击 确定 按钮。

步骤 4：将"库"中的"位图 1.jpg"图片拖到工作区，将图片分离，将不需要的部分删除。调整好大小和位置，如图 5.72 所示。

图 5.70 　　　　　　　　　　　　图 5.71 　　　　　　　　　　　　图 5.72

步骤 5：单击工具箱中的 ☐(矩形)工具，在【属性】浮动面板中设置填充颜色为 ● ▱ 。设置笔触颜色为 ● ▬ ，【属性】浮动面板设置如图 5.73 所示，在工作区中绘制矩形，如图 5.74 所示。

步骤 6：单击 ◇(颜料桶)工具，利用前面所学知识，对图形进行填充，最终效果如图 5.75 所示。

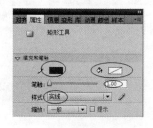

图 5.73 　　　　　　　　　　　　图 5.74 　　　　　　　　　　　　图 5.75

步骤 7：单击时间轴左下角的 ⬛ 场景 1 按钮，返回场景。

步骤 8：方法同步骤 3～6，分别制作如图 5.76 所示的影片剪辑元件。

图 5.76

步骤 9：单击 插入(I) → 新建元件(N)... Ctrl+F8 命令，弹出【创建新元件】对话框，具体设置如图 5.77 所示。单击 确定 按钮。

步骤 10：单击工具箱中的 **T**(文字)工具，在工作区中拖出一个文字框，【属性】面板的设置如图 5.78 所示。文字效果如图 5.79 所示。

步骤 11：单击时间轴左下角的 场景1 按钮，返回场景。

图 5.77   图 5.78

2. 将元件拖到舞台中并添加基本脚本语言

步骤 1：将"库"中的所有影片剪辑拖到舞台中，并输入如图 5.79 所示的文字。

步骤 2：利用前面所学知识，制作如图 5.80 所示的文字效果。

步骤 3：将"库"中的"信息框"拖到舞台中，设置【属性】面板如图 5.81 所示。

图 5.79   图 5.80   图 5.81

步骤 4：在舞台中的第一个影片剪辑元件上右击，单击 动作 命令，弹出【动作】脚本对话框，在对话框中输入如图 5.82 所示的脚本代码。

步骤 5：方法同步骤 4，语法相同，只要将如图 5.82 所示的用矩形框框出来的文字改成相应的提示文字即可。

步骤 6：最终效果如图 5.83 所示，演示效果请观看网上下载的素材第 5 章的"跟随光标的提示.swf"Flash 文件。

```
1  on(rollOver){
2      _root.tip._visible=true;
3      this.onMouseMove=function(){
4          _root.tip._x=this._xmouse+this._x+10;
5          _root.tip._y=this._ymouse+this._y+10;
6          _root.tip.info.text="这是马"
7      };
8  }
9  on(rollOut){
10         _root.tip._visible=false;
11         this.onMouseMove=function() {};
12 }
```

图 5.82

图 5.83

本案例主要制作了一个跟随光标提示的效果，在输入语言时要特别细心，只要有一点输入不对，效果就无法实现。

四、举一反三

使用前面所学知识绘制如下所示的图形，完整效果请观看"第 5 章 Flash CS5 文字特效/跟随光标的提示练习.swf"文件。

5.2.5　案例五：调节音量

一、案例效果预览

案例效果见本书提供的"第 5 章 Flash CS5 动画制作/调节音量.swf"文件。通过预览了解本案例的最终效果。本案例主要使用 Flash CS5 的矩形工具、填充工具、文字工具、图片导入命令、分离命令、属性面板设置、系统自带按钮的修改和脚本语言的输入来制作调节音量按钮效果。通过该案例的学习，使学生了解公用库中按钮的使用和修改的方法与技巧。

二、本案例画面效果及制作步骤(流程)分析

案例画面效果如下：

案例制作的大致步骤：

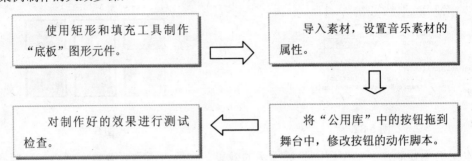

三、详细操作步骤

1. 制作"底板"图形元件

步骤 1： 运行 Flash CS5，新建一个名为"调节音量.fla"的文件。

步骤 2： 单击 插入(I) → 新建元件(N)... Ctrl+F8 命令，弹出【创建新元件】对话框，具体设置如图 5.84 所示。单击 确定 按钮。

步骤 3： 单击工具箱中的 ╲(线条)工具，在工作区绘制如图 5.85 所示的图形。

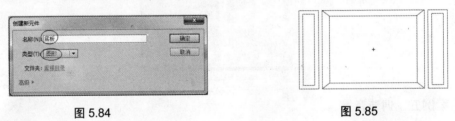

图 5.84   图 5.85

步骤 4： 单击工具箱中的 ◇(颜料桶)工具，设置【颜色】浮动面板如图 5.86 所示。并对绘制的图形进行填充，如图 5.87 所示。

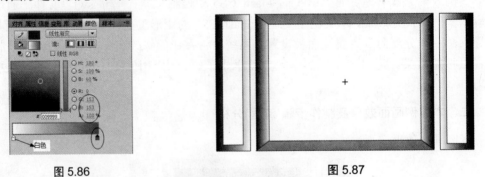

图 5.86   图 5.87

步骤 5： 单击时间轴左上角的 ◢ 场景 1 按钮，返回场景。

2. 导入音乐和图片，设置音乐的属性

步骤 1： 单击 文件(F) → 导入(I) → 导入到库(L)... 命令，弹出【导入到库】对话框，选择"一千个伤心的理由.mp3"和"地球.jpg"。单击 打开(O) 按钮，导入音乐和图片。

步骤 2： 在"库"中的"音乐"文件上右击，在弹出的快捷菜单中选择 属性... 命令，弹出【声音属性】对话框，设置如图 5.88 所示。

步骤 3：单击【声音属性】中的 高级 按钮，展开 高级 设置面板，具体设置如图 5.89 所示。单击 确定 按钮。

图 5.88　　　　　　　　　　　　　　　　　　图 5.89

步骤 4：将"库"中的"底板"图形元件拖到舞台中，调整好位置，如图 5.90 所示。

步骤 5：单击工具箱中的 **T**(文字)工具，在舞台中输入文字并设置颜色，如图 5.91 所示。

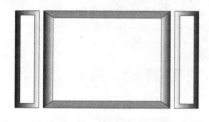

图 5.90　　　　　　　　　　　　　　　　　　图 5.91

3. 将"公用库"中的按钮拖到舞台中并修改动作脚本

步骤 1：在"图层 1"的第 1 帧处右击，在弹出的快捷菜单中单击 动作 命令，弹出【动作-帧】脚本输入框，在脚本框中输入如图 5.92 所示的代码。

步骤 2：将"库"中的"地球 2.jpg"文件拖到舞台中，并进行调整，如图 5.93 所示。

步骤 3：单击 窗口(W) → 公用库(B) → 按钮 命令，此时将弹出"公用库"对话框，如图 5.94 所示。

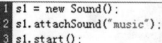

```
1  s1 = new Sound();
2  s1.attachSound("music");
3  s1.start();
4  volume = s1.getVolume();
5  stop();
```

图 5.92　　　　　　　　　　图 5.93　　　　　　　　　　图 5.94

步骤4： 在"公用库"中选中如图5.95所示的元件，将其拖到舞台中，位置、大小如图5.96所示。

图5.95　　　　　　　　　　　　　　　　　　图5.96

步骤5： 在刚拖入舞台的按钮元件上双击，进入影片剪辑编辑状态，在"Layer 4"图层的第1帧处右击，在弹出的快捷菜单中单击 动作 命令，弹出【动作-帧】脚本对话框，将脚本中最后一句修改成如图5.97框住的语句，然后单击 按钮关闭对话框。

步骤6： 将按钮上的"GIN"改为"音量调节"。

步骤7： 单击时间轴左上角的 返回场景 按钮，返回场景。

步骤8： 最终效果如图5.98示。完整演示效果请观看从网上下载的素材第5章的"调节音量.swf" Flash文件。

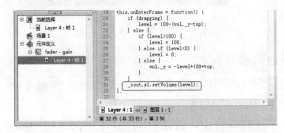

图5.97　　　　　　　　　　　　　　　　　　图5.98

四、举一反三

使用前面所学知识绘制如下所示的图形，完整效果请观看"第5章 Flash CS5文字特效/调节音量练习.swf"文件。

5.3　复杂控制按钮的制作

5.3.1　案例六：控制图片变化

一、案例效果预览

案例效果见本书提供的"第 5 章 Flash CS5 动画制作/控制图片变化.swf"文件。通过预览了解本案例的最终效果。本案例主要使用 Flash CS5 的矩形工具、填充工具、文字工具、图片导入命令、分离命令、属性面板设置和脚本语言的添加来制作控制图片变化效果。通过该案例的学习，使学生了解控制图片变化的脚本语言的含义。

二、本案例画面效果及制作步骤(流程)分析

案例画面效果如下：

案例制作的大致步骤：

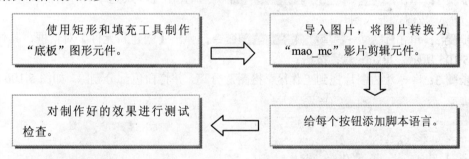

三、详细操作步骤

1. 制作"底板"图形元件

步骤 1：运行 Flash CS5，新建一个名为"控制图片变化.fla"文件。

步骤 2：单击 插入(I) → 新建元件(N)... Ctrl+F8 命令，弹出【创建新元件】对话框，具体设置如图 5.99 所示。单击 确定 按钮。

步骤 3：单击工具箱中的 ＼(线条)工具，在工作区绘制如图 5.100 所示图形。

步骤 4：单击工具箱中的 ◇(颜料桶)工具，通过设置【颜色】浮动面板，填充出如图 5.101 所示的图形。

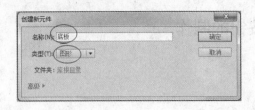

图 5.99

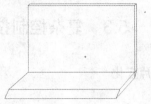

图 5.100

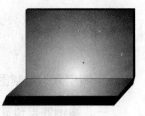

图 5.101

步骤 5：单击工具箱中的 ＼(线条)工具，在工作区绘制如图 5.102 所示的图形。

步骤 6：单击工具箱中的 ◌(颜料桶)工具，填充出如图 5.103 所示的图形。

步骤 7：单击时间轴左上角的 ⬛场景1 按钮，返回场景。

步骤 8：根据前面所学知识制作一个如图 5.104 所示的按钮。

图 5.102

图 5.103

图 5.104

2. 制作 "mao_mc" 影片剪辑元件

步骤 1：单击 文件(F) → 导入(I) → 导入到库(L)... 命令，弹出【导入到库】对话框，选择图片。单击 打开(O) 按钮，导入图片。

步骤 2：单击 插入(I) → 新建元件(N)... Ctrl+F8 命令，弹出【创建新元件】对话框，具体设置如图 5.105 所示。单击 确定 按钮。

步骤 3：将导入的图片拖到工作区，将图片分离，并将白色部分删除，如图 5.106 所示。

图 5.105

图 5.106

步骤 4：单击时间轴左上角的 ⬛场景1 按钮，返回场景。

3. 给按钮添加动作语言

步骤 1：将 "库" 中的 "底板" 图形元件拖到舞台中，再将 "库" 中的 "按钮" 拖到舞台中，调整好大小和形状，并复制 5 个，调整它们之间的位置，如图 5.107 所示。

步骤 2：将 "库" 中的 "mao_mc" 拖到舞台中，位置、大小如图 5.108 所示。

步骤 3："mao_mc" 的【属性】面板设置如图 5.109 所示。

步骤 4：单击工具箱中的 T(文字)工具，输入文字如图 5.110 所示。

图 5.107

图 5.108

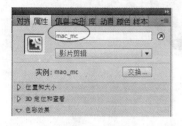

图 5.109

图 5.110

步骤 5：在"图片放大"按钮上右击，在弹出的快捷菜单中选择 动作 命令，弹出"动作 -帧"对话框。在对话框中输入如图 5.111 所示的代码。

步骤 6：方法同上，分别在"图片缩小"、"逆时旋转"、"顺时旋转"、"向上移动"、"向下移动"按钮的脚本对话框中输入如图 5.112～图 5.116 所示的代码。

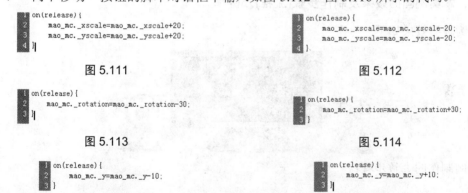

```
on(release){
    mao_mc._xscale=mao_mc._xscale+20;
    mao_mc._yscale=mao_mc._yscale+20;
}
```

图 5.111

```
on(release){
    mao_mc._xscale=mao_mc._xscale-20;
    mao_mc._yscale=mao_mc._yscale-20;
}
```

图 5.112

```
on(release){
    mao_mc._rotation=mao_mc._rotation-30;
}
```

图 5.113

```
on(release){
    mao_mc._rotation=mao_mc._rotation+30;
}
```

图 5.114

```
on(release){
    mao_mc._y=mao_mc._y-10;
}
```

图 5.115

```
on(release){
    mao_mc._y=mao_mc._y+10;
}
```

图 5.116

步骤 7：最终效果如图 5.117 所示。

图 5.117

完整动画请观看网上下载的素材第 5 章的"控制图片变化.swf"Flash 文件。

四、举一反三

使用前面所学知识绘制如下所示的图形，完整效果请观看"第 5 章 Flash CS5 文字特效/控制图片变化练习.swf"文件。

5.3.2 案例七：左右声道均衡调节

一、案例效果预览

案例效果见本书提供的"第 5 章 Flash CS5 动画制作/控制图片变化.swf"文件。通过预览了解本案例的最终效果。本案例主要使用 Flash CS5 的矩形工具、填充工具、文字工具、图片导入命令、分离命令、属性面板设置和脚本语言的添加来制作左右声道均衡调节。通过该案例的学习，使学生了解公用库中公用按钮脚本语言的修改。

二、本案例画面效果及制作步骤(流程)分析

案例画面效果如下：

案例制作的大致步骤：

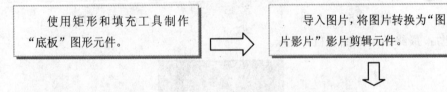

三、详细操作步骤

1. 制作"底板"图形元件

步骤 1：运行 Flash CS5，新建一个名为"左右声道均衡调节.fla"的文件。

步骤 2：单击 插入(I) → 新建元件(N)... Ctrl+F8 命令，弹出【创建新元件】对话框，具体设置如图 5.118 所示。单击 确定 按钮。

步骤 3：利用工具箱中的 ╲(线条)工具、▭(矩形)工具、◯(椭圆)工具，绘制如图 5.119 所示的图形。

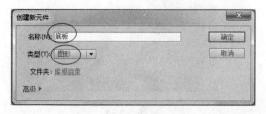

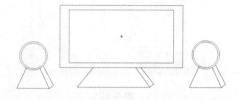

图 5.118　　　　　　　　　　　　　　　　　　　　图 5.119

步骤 4：单击工具箱中的 ⬙(颜料桶)工具，【颜色】浮动面板设置如图 5.120 所示。

步骤 5：对图形进行填充，效果如图 5.121 所示。

图 5.120　　　　　　　　　　　　　　　图 5.121

步骤 6：单击时间轴左上角的 ⬅场景1 按钮，返回场景。

2. 制作"图片影片"影片剪辑元件

步骤 1：单击 文件(F) → 导入(I) → 导入到库(L)... 命令，弹出【导入到库】对话框，选择"六六大顺.jpg"、"带你过河.jpg"、"干.jpg"和"一千个伤心的理由.mp3"。单击 打开(O) 按钮即可将选择的素材导入库中。

步骤 2：单击 插入(I) → 新建元件(N)... Ctrl+F8 命令，弹出【创建新元件】对话框，设置如图 5.122 所示。单击 确定 按钮。

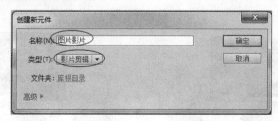

图 5.122

步骤 3：利用前面所学知识，制作一个图片渐变的效果，将导入到库中的 3 张图片分别放在"图层 1"的第 1、第 5、第 10 帧处。此时，创建一个帧动画，图层效果如图 5.123 所示，最终效果如图 5.124 所示。

图 5.123　　　　　　　　　　　　　　　　图 5.124

步骤 4：单击时间轴左上角的 <场景1> 按钮，返回场景。

3. 设置音乐的属性

步骤 1：在库中的"音乐"文件上右击，在弹出的快捷菜单中单击 属性 命令，此时将弹出【声音属性】对话框，设置如图 5.125 所示。单击 确定 按钮。

步骤 2：单击【声音属性】对话框中的 高级 按钮，展开 链接 对话框，具体设置如图 5.126 所示。单击 确定 按钮。

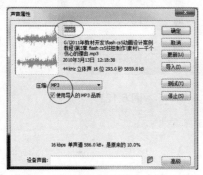

图 5.125　　　　　　　　　　　　　　　　图 5.126

步骤 3：将库中的"底板"元件和"图片影片"影片剪辑拖到舞台中，并调整好大小、位置，如图 5.127 所示。

步骤 4：单击工具箱中的 T(文字)工具，在舞台中输入文字，并设置其颜色、大小、位置，如图 5.128 所示。

图 5.127　　　　　　　　　　　　　　　　图 5.128

4. 添加动作语言和修改公用库中按钮的脚本语言

步骤 1： 在"图层 1"的第 1 帧处右击，在弹出的快捷菜单中单击 动作 命令，弹出【动作】脚本输入框，在脚本框中输入如图 5.129 所示的代码。

步骤 2： 单击 窗口(W) → 公用库(B) → 按钮 命令，此时将弹出【库】面板。

步骤 3： 在公用库中选中如图 5.130 所示的元件，将其拖到舞台中，位置、大小如图 5.131 所示。

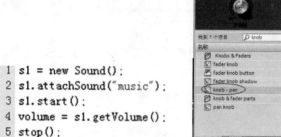

图 5.129　　　　　图 5.130　　　　　图 5.131

步骤 4： 在刚拖入到舞台中的按钮元件上双击，进入影片剪辑编辑状态，在"Layer 4"图层的第 1 帧处右击，在弹出的快捷菜单中单击 动作 命令，弹出【动作-帧】脚本对话框，将脚本中最后一句修改成如图 5.132 所示的框住的语句。单击对话框右上角的 ⊠(关闭)按钮。

图 5.132

步骤 5： 单击时间轴左下角的 场景1 按钮，返回场景。

步骤 6：最终效果如图 5.133 所示。完整演示效果请观看从网上下载的素材第 5 章的"左右声道均衡调节"Flash 文件。

图 5.133

四、举一反三

使用前面所学知识绘制如下所示的图形，完整效果请观看"第 5 章 Flash CS5 文字特效/左右声道均衡调节练习.swf"文件。

5.3.3 案例八：用组件控制声音按钮

一、案例效果预览

案例效果见本书提供的"第 5 章 Flash CS5 动画制作/用组件控制声音按钮.swf"文件。通过预览了解本案例的最终效果。本案例主要使用 Flash CS5 的矩形工具、填充工具、文字工具、图片导入命令、分离命令、属性面板设置、脚本语言的添加和组件的添加来制作用组件控制声音按钮的效果。通过该案例的学习，使学生掌握组件的添加和修改以及脚本代码的添加。

二、本案例画面效果及制作步骤(流程)分析

案例画面效果如下：

案例制作的大致步骤：

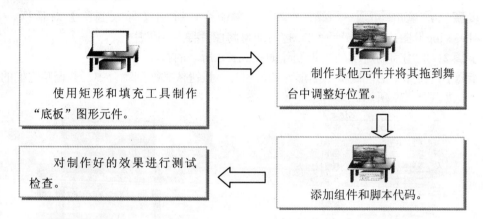

三、详细操作步骤

1. 制作"底板"图形元件

步骤 1：运行 Flash CS5，新建一个名为"用组件控制声音按钮.fla"的文件。

步骤 2：单击 插入(I)→新建元件(N)... Ctrl+F8 命令，弹出【创建新元件】对话框，具体设置如图 5.134 所示。单击 确定 按钮。

步骤 3：利用工具箱中的 ╲(线条)工具、▢(矩形)工具、◯(椭圆)工具，绘制如图 5.135 所示的图形。

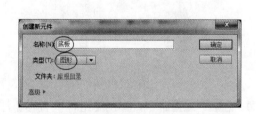

图 5.134

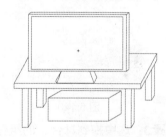

图 5.135

步骤 4：单击工具箱中的 ◇(颜料桶)工具，并设置【颜色】浮动面板为如图 5.136 所示。

步骤 5：对图形进行填充，效果如图 5.137 所示。

图 5.136

图 5.137

步骤 6：单击时间轴左上角的 ⬛场景 1 按钮，返回场景。

2. 制作其它按钮元件并将制作好的所有元件拖到舞台中调整好位置

步骤 1：单击 文件(F) → 导入(I) → 导入到库(L)... 命令，弹出【导入到库】对话框，选择 "70181933.jpg" 图片，单击 打开(O) 按钮即可将图片导入到库中。

步骤 2：利用前面所学的知识制作如图 5.138 所示的按钮。

步骤 3：将库中的"底板"图形元件、图片、按钮依次拖到舞台中，并调整它们的大小和位置，如图 5.139 所示。

图 5.138   图 5.139

3. 将系统自带的组件元件拖到舞台中并添加脚本语言

步骤 1：单击 窗口(W) → 组件(C) 命令，弹出【组件】浮动面板，选择如图 5.140 所示的组件并拖到舞台中。

步骤 2：组件在舞台中的位置、大小如图 5.141 所示。

图 5.140   图 5.141

步骤 3：选中拖到舞台中的组件，单击 窗口(W) → 组件检查器(R) 命令，弹出【组件检查器】浮动面板。浮动面板的设置如图 5.142 所示；【属性】面板的设置如图 5.143 所示。

图 5.142   图 5.143

步骤 4：在舞台中的"春之声圆舞曲"按钮上右击，在弹出的快捷菜单中单击 动作 命令，随后将弹出【动作-帧】脚本对话框，在对话框中输入如图 5.144 所示的代码。

步骤 5：其他按钮代码的输入同图 5.144 一样，只要将框住的部分改为相应的歌曲名称即可。

步骤 6：最终效果如图 5.145 所示，完整演示效果请观看从网上下载素材第 5 章的"用组件控制声音按钮.swf"Flash 文件。

```
1  on(release){
2      mediaplayer.setMedia("春之声圆舞曲.mp3","mp3");
3  }
```

图 5.144

图 5.145

四、举一反三

使用前面所学知识绘制如下所示的图形，完整效果请观看"第 5 章 Flash CS5 文字特效/用组件控制声音按钮练习.swf"文件。

5.3.4　案例九：选择乐曲播放

一、案例效果预览

案例效果见本书提供的"第 5 章 Flash CS5 动画制作/选择乐曲播放.swf"文件。通过预览了解本案例的最终效果。本案例主要使用 Flash CS5 的矩形工具、填充工具、文字工具、图片导入命令、分离命令、属性面板设置、元件的制作、脚本语言的添加和组件的添加来制作选择乐曲播放的效果。通过该案例的学习，使学生掌握脚本语言的添加和含义。

二、本案例画面效果及制作步骤(流程)分析

案例画面效果如下：

案例制作的大致步骤：

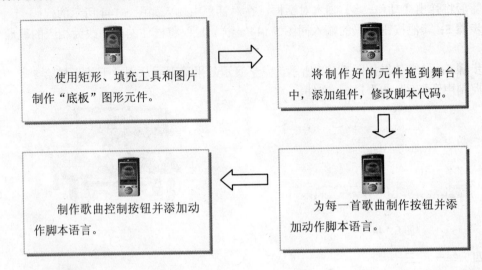

使用矩形、填充工具和图片制作"底板"图形元件。 → 将制作好的元件拖到舞台中，添加组件，修改脚本代码。

制作歌曲控制按钮并添加动作脚本语言。 ← 为每一首歌曲制作按钮并添加动作脚本语言。

三、详细操作步骤

1. 制作"底板"图形元件

步骤 1：运行 Flash CS5，新建一个名为"选择乐曲播放.fla"的文件。

步骤 2：单击 插入(I) → 新建元件(N)... Ctrl+F8 命令，弹出【创建新元件】对话框，具体设置如图 5.146 所示。单击 确定 按钮。

步骤 3：利用工具箱中的 \(线条)工具、□(矩形)工具、○(椭圆)工具，绘制如图 5.147 所示的图形。

步骤 4：利用工具箱中的 ◇(颜料桶)工具和通过设置【颜色】浮动面板，对所绘制的图形进行填充，填充好的效果如图 5.148 所示。

步骤 5：单击 文件(F) → 导入(I) → 导入到库(L)... 命令，弹出【导入到库】对话框，在对话框中选择"23.jpg"和"友谊地久天长.mp3"。单击 打开(O) 按钮即可将素材导入到库中。

步骤 6：将导入的图片拖到工作区，调整大小，位置效果如图 5.149 所示。

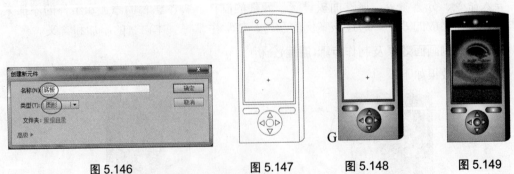

图 5.146　　　　图 5.147　　　　图 5.148　　　　图 5.149

步骤 7：单击时间轴左上角的 场景1 按钮，返回场景。

2. 将元件和公用库中的按钮拖到舞台中并修改公用按钮的代码

步骤 1：将库中的"底板"图形元件拖到舞台中，并输入文字，然后放到适当的位置，如图 5.150 所示。

步骤 2：单击 窗口(W)→公用库(B)→按钮 命令，此时将弹出【库】面板，如图 5.151 所示。

步骤 3：在【库】面板中选中如图 5.152 所示的元件，将其拖到舞台中，位置、大小如图 5.153 所示。

图 5.150

图 5.151

图 5.152

图 5.153

步骤 4：在【库】中的"音乐"文件上右击，在弹出的快捷菜单中单击 属性… 命令，弹出【声音属性】对话框，设置如图 5.154 所示。

步骤 5：单击【声音属性】中的 高级 按钮，展开 链接 对话框，具体设置如图 5.155 所示。单击 确定 按钮。

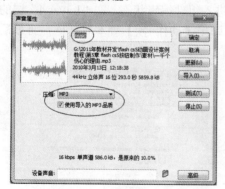

图 5.154

图 5.155

步骤 6：在"图层 1"的第 1 帧处右击，在弹出的快捷菜单中单击 动作 命令，弹出【动作-帧】脚本输入框，在脚本框中输入如图 5.156 所示的代码。输入完代码后，单击对话框右上角的 图(关闭)按钮。

```
1  s1 = new Sound();
2  s1.attachSound("music");
3  s1.start();
4  volume = s1.getVolume();
5  stop();
6  musicname="一千个伤心的理由";
```

图 5.156

步骤 7： 双击舞台中如图 5.157 所示的组件，进入组件编辑状态，在"Layer 4"层的第 1 帧处右击，在弹出的快捷菜单中单击 **动作** 命令，弹出【动作-帧】脚本对话框，将最后一句改为如图 5.158 所示的框住的语句。

图 5.157

```
1   top = vol._y;
2   left = vol._x;
3   right = vol._x;
4   bottom = vol._y+100;
5   level = 100;
6   //
7   vol.onPress = function() {
8       startDrag("vol", false, left, top, right, botto
9       dragging = true;
10  };
11  vol.onRelease = function() {
12      stopDrag();
13      dragging = false;
14  };
15  vol.onReleaseOutside = function() {
16      dragging = false;
17  };
18  //
19  this.onEnterFrame = function() {
20      if (dragging) {
21          level = 100-(vol._y-top);
22      } else {
23          if (level>100) {
24              level = 100;
25          } else if (level<0) {
26              level = 0;
27          } else {
28              vol._y = -level+100+top;
29          }
30      }
31      _root.s1.setVolume(level);
32  }
33
```

图 5.158

步骤 8： 单击时间轴左上角的 **场景 1** 按钮，返回场景。

步骤 9： 双击舞台中如图 5.159 所示的组件，进入组件编辑状态，在"Layer 4"层的第 1 帧处右击，在弹出的快捷菜单中单击 **动作** 命令，弹出【动作-帧】脚本对话框，将最后一句改为如图 5.160 示的框住的语句。

```
21  this.onEnterFrame = function() {
22      if (dragging) {
23          pivot = (_root._xmouse-start)*2+newStart;
24          panKnob._rotation = pivot;
25          if (pivot<-135) {
26              panKnob._rotation = -135;
27          }
28          if (pivot>135) {
29              panKnob._rotation = 135;
30          }
31          level = Math.round(panKnob._rotation/1.35);
32      } else {
33          if (autoPan) {
34              textInput.value.selectable = false;
35              level += increment;
36              if (level>99 || level<-99) {
37                  increment *= -1;
38              }
39          } else {
40              textInput.value.selectable = true;
41          }
42          if (level>100) {
43              level = 100;
44          } else if (level<-100) {
45              level = -100;
46          } else if (level<=100 && level>=-100) {
47              panKnob._rotation = level*1.35;
48          }
49      }
50      _root.s1.setPan(level);
51  }
```

图 5.160

图 5.159

步骤 10：在"图层 1"的第 2 帧处右击，在弹出的快捷菜单中单击 插入关键帧 命令，此时，插入一个关键帧。在关键帧上右击，在弹出的快捷菜单中单击 动作 命令，弹出【动作-帧】脚本对话框，在【动作-帧】脚本对话框中输入如图 5.161 所示的语句。

图 5.161

步骤 11：单击【动作】脚本对话框右上角的 ⊠，关闭对话框。

3. 输入动态文本和制作按钮

步骤 1：单击时间轴左下角的 ⅃(新建图层)按钮，此时将插入一个新的图层。

步骤 2：单击工具箱中的 T(文字)工具，在舞台中拖出一个框来，大小、位置如图 5.162 所示。

步骤 3：文字【属性】面板的设置如图 5.163 所示。

步骤 4：利用前面所学的知识为每首歌曲制作一个按钮，如图 5.164 所示的按钮。

图 5.162

图 5.163

图 5.164

4. 给每首歌曲按钮添加脚本代码

步骤 1：在"图层 1"的第 3 帧处右击，在弹出的快捷菜单中单击 插入关键帧 命令，此时将插入一个关键帧，将舞台中第 3 帧不需要的元件删除，再输入需要的文字，如图 5.165 所示。

步骤 2：将库中的音乐按钮拖到舞台中，并调整好大小、位置，如图 5.166 所示。

步骤 3：在舞台的“春之声圆舞曲”按钮上右击，在弹出的快捷菜单中单击动作命令，随后将弹出【动作-按钮】脚本对话框，输入如图 5.167 所示的语句。

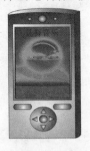

图 5.165

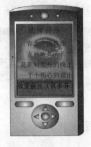

图 5.166

```
on(release ){
    s1.loadSound("春之声圆舞曲.mp3",true);
    s1.start();
    musicname="春之声圆舞曲";
    gotoAndPlay(2);
}
```

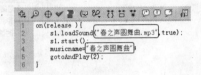

图 5.167

步骤 4：其他歌曲按钮的代码输入方法与此相同，只要将如图 5.167 所示的框住的文字改成相应的歌曲名称即可。

5. 制作“选择乐曲按钮”按钮并添加脚本代码

步骤 1：利用前面所学的知识，制作一个“选择乐曲按钮”。

步骤 2：单击“图层 2”。将库中的“选择乐曲按钮”拖到舞台中，位置如图 5.168 所示。

步骤 3：在选择乐曲按钮上右击，在弹出的快捷菜单中单击动作命令，弹出【动作-按钮】脚本对话框，在脚本对话框中输入如图 5.169 所示的代码，单击【动作-按钮】脚本对话框右上角的，关闭对话框。

步骤 4：进行测试，效果如图 5.170 所示，单击选择乐曲按钮，效果如图 5.171 所示。

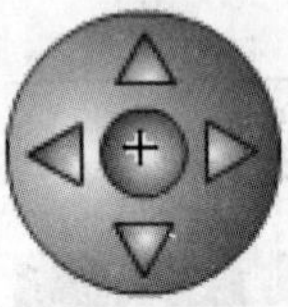

图 5.168

```
on (release) {
    s1.stop();
    gotoAndStop(3);
}
```

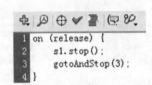

图 5.169

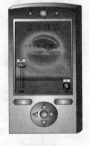

图 5.170

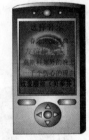

图 5.171

四、举一反三

使用前面所学知识绘制如下所示的图形，完整效果请观看“第 5 章 Flash CS5 文字特效/选择乐曲播放练习.swf”文件。

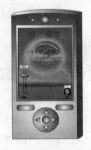

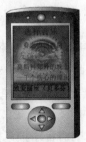

5.3.5　案例十：使用按钮载入图片

一、案例效果预览

案例效果见本书提供的"第 5 章　Flash CS5 动画制作/使用按钮载入图片.swf"文件。通过预览了解本案例的最终效果。本案例主要使用 Flash CS5 的矩形工具、填充工具、文字工具、图片导入命令、分离命令、属性面板设置、元件的制作和脚本语言的添加来制作使用按钮载入图片的效果。通过该案例的学习，使学生掌握载入图片脚本语言的添加和含义。

二、本案例画面效果及制作步骤(流程)分析

案例画面效果如下：

案例制作的大致步骤：

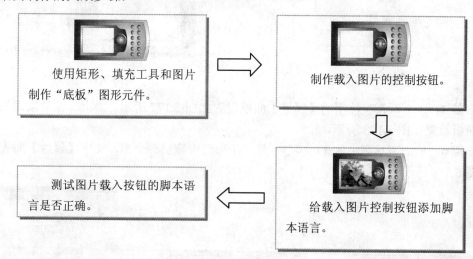

使用矩形、填充工具和图片制作"底板"图形元件。

制作载入图片的控制按钮。

给载入图片控制按钮添加脚本语言。

测试图片载入按钮的脚本语言是否正确。

三、详细操作步骤

1. 制作"底板"图形元件

步骤 1： 运行 Flash CS5，新建一个名为"使用按钮载入图片.fla"的文件。

步骤 2： 单击 插入(I) → 新建元件(N)... Ctrl+F8 命令，弹出【创建新元件】对话框，具体设置如图 5.172 所示，单击 确定 按钮。

步骤 3： 利用工具箱中的 ＼(线条)工具、□(矩形)工具、○(椭圆)工具，绘制如图 5.173 所示的图形。

步骤4：利用工具箱中的 (颜料桶)工具，设置【颜色】浮动面板，对所绘制的图形进行填充，填充好后的效果如图 5.174 所示。

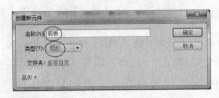

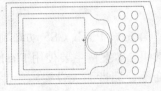

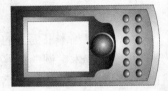

图 5.172   图 5.173   图 5.174

步骤5：单击时间轴左上角的 按钮，返回场景。

2. 制作控制按钮并添加脚本语言

步骤1：利用前面所学的知识制作如图 5.175 所示的两个按钮。

步骤2：将库中的"底板"图形元件和两个按钮拖到舞台中，调整好位置，如图 5.176 所示。

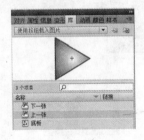

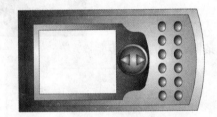

图 5.175   图 5.176

步骤3："下一张"按钮的【属性】面板设置如图 5.177 所示，"上一张"按钮的【属性】面板设置如图 5.178 所示。

步骤4：单击工具箱中的 T(文字)工具，在舞台中拖出一个框，文字【属性】面板的设置如图 5.179 所示。

图 5.177   图 5.178   图 5.179

步骤5：利用前面所学的知识，插入一个"图层2"，在"图层2"的第1帧处右击，在弹出的快捷菜单中单击 动作 命令，弹出【动作】脚本对话框，在该对话框中输入如图 5.180 所示的代码。

步骤6：最终效果如图 5.181 所示。完整动画演示效果请观看从网上下载的素材第 5 章的"使用按钮载入图片.swf" Flash 文件。

```
_root.createEmptyMovieClip("mc", 0);
mc.loadMovie("image1.jpg");
mc._x = 81;
mc._y = 131;
num = 1;
next.onPress = function() {
        if (num<6) {
                fadeOut = true;
                num++;
                input = num;
        }
};
previous.onPress = function() {
        if (num>1) {
                fadeOut = true;
                num--;
                input = num;
        }
};
_root.onEnterFrame = function() {
        if (mc._alpha>5 && fadeOut) {
                mc._alpha -= 5;
        }
    if (mc._alpha<5) {
                loadMovie("image"+num+".jpg",
"mc");
                fadeOut = false;
        }
        if (mc._alpha<100 && !fadeOut) {
                mc._alpha += 5;
        }
        if (input>6) {
                input = 6;
        }
        if (input<1) {
                input = 1;
        }
```

图 5.180　　　　　　　　　　　　　　　　　　　图 5.181

四、举一反三

使用前面所学知识绘制如下所示的图形，完整效果请观看"第 5 章　Flash CS5 文字特效/使用按钮载入图片练习.swf"文件。

第**6**章

Flash CS5 综合制作

知识点：

1. ActionScript 2.0 和 ActionScript 3.0 编程基础
2. 视频播放控制
3. 选择填空
4. 测试题目
5. 综合试题测试
6. 系统登录界面
7. 360° 全景图
8. 看图识标题

说明：

本章主要结合前面五章的内容，通过 7 个案例介绍 Flash CS5 的综合使用，在学习本章时要复习前面所学知识，以加快学习进度。

教学建议课时数：

一般情况下需 14 课时，其中理论 4 课时、实际操作 10 课时(根据特殊情况可做相应调整)。

6.1 ActionScript 2.0 编程基础

6.1.1 ActionScript 2.0 中的相关术语

在前面介绍了 ActionScript 2.0 中的一些常用基本功能，但还没有深入介绍如何使用 ActionScript 2.0 编写脚本。下面将具体介绍使用 ActionScript 2.0 进行程序编写的基础知识。

使用 ActionScript 2.0 创建程序脚本时，设计者可以根据需要来选择其中的细节难度。如果只是编写一些简单的动作效果，可以像前面一样在【标准模式】中使用【动作】面板，并且通过动作工具箱选择所需的选项来编写程序。但如果是要求比较高的情况，要使用 ActionScript 2.0 编写更加复杂的程序脚本，就要对其有一定的了解，知道编程语言是如何进行工作的。ActionScript 2.0 和其他的编程语言一样，遵循自己的语法规则，有自己的术语、关键字和操作符，并且在程序中有变量存储和程序控制的功能。

下面针对一些常用的 ActionScript 2.0 术语进行介绍。

(1) 动作(Action)：是 ActionScript 2.0 脚本语言的灵魂和编程的核心，用于控制动画播放过程中相应的程序和播放状态。所有的 ActionScript 程序最终都要在动画中通过一定的动作体现出来，程序是通过动作与动画直接发生联系的。

例如前面用到过的 stop、play、gotoAndplay 等都是动作，分别用于控制动画过程中的停止、播放及跳转到某帧并进行播放等。

(2) 事件(Event)：很多情况下，动作是不会独立执行的，而需要提供一定的条件。换句话说，就是要有一定的事情对该动作进行触发，才能执行这个动作，起触发作用的事情在 ActionScript 2.0 中称为事件。例如，鼠标的移动、单击、松开与按下，键盘上某键的敲击及影片的下载等都可以作为事件。

看下面的代码：

```
On(release){
    GotoAndPLAY(15);
    }
```

其中的 release 就是代表"单击按钮并且放开"这个事件，该事件触发了"移动到第 15 帧并播放"这个动作。

(3) 常量(Constant)：与变量相对应，在程序编写过程中不能被改变，常用于数值的比较。

(4) 数据类型(Data Type)：在 ActionScript 2.0 中可以被应用并进行各种操作的数据有多种类型，包括字符串、数字、布尔运算值以及 Flash CS5 中的各种对象及影片等，这些都可以作为 ActionScript 2.0 的数据类型。

(5) 类(Class)：一系列相互之间有关联的数据的集合称为一个类，可以使用类创建新的对象。如果要定义一个新的类，则需要事先创建一个构造器函数。

(6) 构造器(Constructor)：用于定义一个类的相关特性和方法的函数。

(7) 表达式(Expressions)：任何能产生一个值的语句都可以称为一个表达式。

(8) 函数(Function)：指可以多次使用的代码段，与程序语言中普遍意义上的函数含义完全相同，用于传递某些参数并且返回一定的值。

(9) 标志符(Identifiers)：用于识别某个变量、特性、对象、函数或方法的名称，这种名称遵循一定的命名规则。

(10) 实例(Instance)：从一个类可以产生很多个属于这个类的实例，一个类的每一个实例都包含这个类的所有特性和方法。例如：所有影片片段都是影片剪辑这个类的实例，它们都有如_alpha 和 _root 这样的特性与 gotoAndstop 和 getURL 这样的方法。

(11) 变量(Variable)：一种可以保留任何数据类型的标识符。变量可以被创建、改变和更新，它的存储值可以在脚本中检索。

例如，下面的程序语句是给变量赋值，等号左边的标识符就是变量。

```
B=150;
Hight=30;
Shuname="Malie"
```

(12) 实例名：每个实例都是唯一的，通过使用这个唯一的实例名可以在脚本中瞄准所需的影片剪辑。

例如，下面的程序使用实例名将 Button 复制了 3 次。

```
Do{
    Dupl.icateMovieClip("Button","Button"+i,i)
    i=i+1;
}while(i<=3);
```

(13) 方法(Method)：是指被指派给某一个对象的函数。在一个函数被指派给一个对象时，它可以作为这个对象的一个方法被调用。

(14) 关键字(Keyword)：和其他的程序语言一样，ActionScript 2.0 也有自己的保留关键字，这些关键字都有特别的意义，不能作为标识符使用。

(15) 对象(Object)：是特性的集合。每个对象都有自己的名称和值，通过对象可以访问某一类型的信息。

(16) 操作符(Operator)：根据一个或多个值计算出一个新值。例如，加号(+)操作可以进行两个值的加法运算。

(17) 目标路径(Target Path)：以逐级锁定的形式指向动画中的一个影片片段实例名、变量或对象。可以使用一条目标路径指向一个影片片段中的动作，获得或设置一个变量的值。

例如，下面的程序语句指向影片片段 niceClip 中变量 apple 的目标路径。

```
_root.niceClip.apple
```

(18) 特性(Property)：是对象具有的独特属性。例如：影片片段的_alpha 特性用来决定影片片段的透明度。

6.1.2　变量

在 ActionScript 2.0 中，变量是一个重要的概念。当定义一个变量时，就应该分配给变量一个明确的值。变量的初始化经常在动作的第 1 帧中进行。初始化变量可使动画播放时对变量值进行跟踪和比较。

ActionScript 2.0 中的变量可以保存所有类型的数据，包括字符串型(String)、数值型(Number)、布尔型(Boolean)、对象(Object)以及影片片段(MovieClip)。当某个变量在一个脚本中被赋值时，变量的数据类型将影响变量值的改变。

1. 变量的命名

变量命令的要求如下。

(1) 应是一个标识符号，并且满足标识符的相应要求。

(2) 不能是 ActionScript 2.0 的关键字或者是代表布尔值的 true 或 false。

(3) 在作用范围内，它的名称必须是唯一的。

2. 变量的输入

在 ActionScript 2.0 中，不需要明确地定义一个变量是数字类型还是字符串类型，或者是其他的数据类型。当变量被赋值时，Flash CS5 会自动确定这个变量的数据类型。这是 ActionScript 2.0 和其他专业程序语言的不同之处。

Flash CS5 程序可以对操作符右边的表达式进行求值，并且确定这个变量目前是一个 Number 数据类型，以后的赋值可能会改变变量的数据类型。例如：语句 "X="dfdsfj"" 会使当变量 X 的数据类型变成 string 时，trace 动作自动将接收到的值转换成字符串，可以使用这个动作来调试脚本、跟踪变量的值以及跟踪脚本的分支流向。

ActionScript 2.0 还会根据表达式需要来变换数据类型。例如，当 "+" 操作符被用于一个字符串时，ActionScript 2.0 会自动将另一个数据的类型转换为字符串(不是字符串的情况下)。例如，"Aamde on line,number"+9，ActionScript 2.0 会自动将数字 9 转换成字符串 "9"，并将其加载到第一个字符串的后面形成一个更长的字符串："Aamde on line,number9"。

3. 变量的作用域

在 ActionScript 2.0 中，变量分为全局变量和局部变量，变量在作用域中可以被引用。

一个全局变量可以在所有的 Timeline 中共享，而一个局部变量只能在它所属的代码块(大括号)内起作用。

使用局部变量可以很好地防止名称的冲突，所以被大量使用，但在有些情况下必须使用全局变量。例如，要在某个代码块中应用另一个代码块中的变量，或者在整个动画中传递某个变量的值，在这种情况下，全局变量将发挥巨大的作用。

局部变量在函数内部使用，这将使函数成为可重复使用的独立代码段。

4. 变量的声明

全局变量的声明，可以通过使用 set variables 动作或赋值操作符来实现；局部变量的声明，可以通过在函数体内部使用 var 语句来实现。局部变量的作用域被限定在所处代码块中，并在块结束处终结，不是在块的内部被声明的局部变量将在它们的脚本结束处终结。

6.1.3 操作符号

在 ActionScript 2.0 中，操作符用于指定表达式中的值将如何被联合、比较或者改变。操作符的动作对象被称为操作数。【动作】面板的"比较运算符"中包含了 ActionScript 2.0 的各种操作符，如图 6.1 所示。

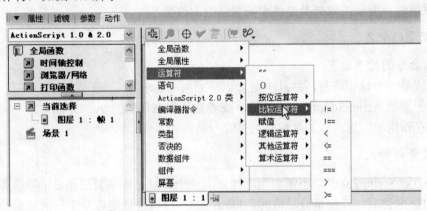

图 6.1

1. 操作符的优先级

当两个或两个以上的操作符在同一个表达式中被使用时，一些操作符与其他操作符相比有更高的优先级。例如，"/"要在"+"之前被执行，因为除法运算比加法运算具有更高的优先级。ActionScript 2.0 就是通过严格遵循这个优先级来决定哪个操作符优先执行，哪个操作符最后执行的。

例如，在下面的程序中，先执行括号里的内容，运算结果是 72。

```
Number=(22+2)*3
```

而在下面的程序中，先执行乘法运算，运算结果是 26。

```
Number=22+2*2
```

2. 操作符的结合性

如果两个或两个以上的操作符拥有同样的优先级，此时决定它们执行顺序的就是操作符的结合性了。结合性可以是从左到右，也可以是从右到左。

例如，乘法操作符的结合是从左向右，所以下面的两个语句是等价的。

```
number=5*8*9
number=(5*8)*9
```

3. 数字操作符

数字操作符用于在程序中进行算术运算，表 6-1 列出了 ActionScript 2.0 中所有的数字操作符及其含义。

表 6-1　数字操作符

数字操作符	执行的操作
+	加
*	乘
/	除
%	求余
−	减
++	自加
− −	自减

4. 比较操作符

比较操作符用于比较表达式中的值并返回一个布尔值，这些操作符常用于判断循环是否结束或用于条件语句中。表 6-2 列出了 ActionScript 2.0 中部分比较操作符及其含义。

表 6-2　比较操作符

比较操作符	执行的操作
<	小于
>	大于
<=	小于等于
>=	大于等于

5. 逻辑操作符号

逻辑操作符用于比较两个布尔值(true 或 false)并返回第 3 个布尔值。表 6-3 列出了 ActionScript 2.0 中的所有逻辑操作符及其含义。

表 6-3　逻辑操作符

逻辑操作符	执行的操作
&&	逻辑与
‖	逻辑或
!	逻辑非

6. 位操作符

位操作符可在内部将浮点型数字转换成 32 位的整型，所有的位操作符都会对一个浮点数的每一位进行计算并产生一个新值。

表 6-4 列出了 ActionScript 2.0 中的所有位操作符及其含义，可以根据程序编写时的实际情况，选择合适的位操作符。

表 6-4　位操作符

位操作符	执行的操作
&	按位与
		按位或
^	按位异或
~	按位非，即求补码
<<	按位左移
>>	按位右移
>>>	无符号按位右移，即左边空位用 0 填充

7. 相等或赋值操作符

使用相等操作符(==)可以确定两个操作数的值或身份是否相等，这种比较的结果是返回一个布尔值(true 或 false)。如果操作数是字符串、数字或布尔数，它们将通过值来进行比较；如果操作数是对象或数组，它们将通过引用来比较。

可以用下面的形式并利用赋值操作符(=)给变量赋值。

```
Name="ldsjfldsjl"
```

也可以使用赋值操作符在一个表达式中为多个变量赋值。在下面的语句中，x 的值被赋给 a、c、h。

```
a=c=h=x
```

还可以通过使用混合赋值操作符联合进行运算。混合赋值操作符对两个操作数进行运算，并将结果赋给第一个操作符。

例如，下面的两个程序语句是等价的，都是将变量 x 扩大 3 倍。

```
X*=3
X=x*3
```

表 6-5 列出了 ActionScript 2.0 中所有的相等操作符和赋值操作符。

表 6-5　相等和赋值操作符

相等和赋值操作符	执行的操作
==	相等
!=	不相等
=	赋值操作符
+=	相加并赋值

续表

相等和赋值操作符	执行的操作
-=	相减并赋值
*=	相乘并赋值
%=	求余并赋值
/=	相除并赋值
<<=	按位左移并赋值
>>>=	无符号按位右移并赋值
^=	按位与或并赋值
|=	按位或并赋值
&=	按位与并赋值

上面介绍了几种常用的 ActionScript 2.0 操作符，这些操作符和常见的程序语言的形式相似，有编程基础的设计者可以说早已掌握，初学者应该通过练习领会每个操作符的功能和用法，以便在程序设计中灵活应用。

6.1.4　程序控制

ActionScript 2.0 的程序控制方法比较简单，和常用的一些程序语言的程序控制方法和习惯基本相同。

1. 目标路径(Target Path)

动作的名称和地址被指定了以后，才能使用它来控制一个影片片段或者一个动画，这个名称和地址就称为目标路径(Target Path)。

在 ActionScript 2.0 中，下面的动作接收一个或一个以上的目标路径，是程序运行时的控制参数。

(1) loadMovie;

(2) unloadMovie;

(3) setProperty;

(4) startDrag;

(5) duplicateMovieClip;

(6) removeMovieClip;

(7) print;

(8) printAsBitmap;

(9) tallTarget。

例如，使用 loadMovie 动作需要提供 3 个参数。

```
loadMovie(URL,Location,Variable);
```

其中各参数具体含义如下。

URL 参数是想要载入的影片片段在 Web 上的定位。

Location 是影片片段的目标路径，即确定影片片段下载到什么位置。

Variables 用于制定使用哪种方法发送，与当前要下载的影片片段相关的变量，有 GET 和 POST 两种方法。

在 ActionScript 2.0 中，通过影片片段的实例名来识别一个影片片段。

例如，在下面的语句中，实例名为 myAction 的影片片段的透明度被定义为 65%。

```
myAction._alpha=65;
```

2. 条件语句

条件语句，是一个以 if 开始的语句，用于检查一个条件的值是 true 还是 false。如果条件值为 true，则 ActionScript 2.0 顺序执行后面的语句；否则，ActionScript 2.0 将跳过这段代码，执行下面的语句。if 经常与 else 结合使用，用于多重条件的判断和跳转执行。

例如，下面的程序语句就是用来测试条件和执行相关的动作的。如果前面的条件返回值为 false，则执行 else 中的语句。

```
If((password)=646465&&(address=gdlnsyj78)){
gotoAndstop("reject");
}
Else{
gotoAndPlay("myMovie");
}
```

3. 循环语句

在 ActionScript 2.0 中，可以按照一个指定的次数重复执行一系列的动作，或者是在一个特定的条件下执行某些动作。在使用 ActionScript 2.0 编程时，可以使用 while、do…while、for 以及 for…in 动作来创建一个循环语句。

1) 条件循环语句

在编程过程中，有时需要在满足一个条件的情况下实现一个循环，这时需要用 while 语句或 do…while 语句。

在 ActionScript 2.0 中，循环语句 while 用于对一个表达式求值。如果表达式的值是 true，那么循环体中的代码被执行，当循环体中的所有语句都被执行之后，表达式按照程序要求再次进行求值，就这样进行反复，直到表达式的值变为 false，就跳出本次循环，执行循环后的语句。

例如，在下面的程序中，动作被执行了 10 次。

```
I=10;
While(i>0){
myMovieClip.dup;icateMomieClip("newMovieClip"+i,i);
i--;
}
```

另外，也可以使用 do…while 语句创建同样的循环，在一个 do…while 语句中，表达式是在代码块的底部被求值，因此，这个循环至少被执行一次。

例如，将上面的那段语句用 do…while 编写如下。

```
I=10;
Do{
    myMovieClip.dup;icateMomieClip("newMovieClip"+i,i);
    i--;
    }while(i>0);
```

2) 按照指定的次数循环

在 ActionScript 2.0 中，可以使用 for 语句使程序按照指定的次数循环。在一些特殊的场合，这种功能具有很重要的意义。

很多情况下，需要预设一个计数初值的次数。可以声明一个变量，并编写一条每当循环被执行一次就对变量进行自增或自减运算的语句来实现一个循环控制。

上面介绍了 ActionScript 2.0 中常用的一些程序控制方法。程序控制对于动画控制具有特别重要的意义，在动画制作过程中灵活运用这些程序控制方法，可以为动画设计出精彩的效果。

6.1.5　对象的后缀

在 Flash CS5 中有很多种对象，如图形、按钮、影片剪辑、文字等。每种对象在进行编辑时所要用到的属性和方法都各有不同，而在使用 ActionScript 2.0 编程的过程中，了解正在进行操作的对象的类型是很重要的，这关系到程序的顺利编译和代码提示等多种功能的实现，所以要使用一定的方法，在给对象命名时体现出规则性，这种规则性就体现在每个类型的对象名称后面的后缀上。在程序语句中，每一种后缀都代表一种对象的类型，表 6-6 所列为 ActionScript 2.0 中一些常用的后缀。

表 6-6　后缀

后缀名称	对象类型
_mc	MovieClip(影片剪辑)
_array	Array(数组)
_str	String(字符串)
_txt	TextField(文本框)
_btn	Botton(按钮)
_date	Date(日期)
_sound	Sound(声音)
_xml	XML(XML 对象)
_video	Video(视频)

在使用 ActionScript 2.0 进行程序设计时，充分运用这些后缀可以带来很多方便，使设计工作更加轻松。

6.2　ActionScript 3.0 编程基础

在 Flash CS5 中，ActionScript 3.0 是一种强大的脚本编程语言，它扩展了 Flash 的功能。即使一个编程初学者，也可以利用一些非常简单的脚本获得巨大的好处。只要读者花一定的时间学习语法和一些基本术语，就会获得最佳的效果。

6.2.1　了解 ActionScript 3.0 中的简介

ActionScript 是一种类似 JavaScript 的语言。读者可以向 Flash 动画中添加更多的交互性。对一些常见的任务，可以复制其他共享的脚本。Flash CS5 中新增了"代码片断"面板，利用这个功能，可以向用户的项目中添加 ActionScript 或者在开发人员当中共享 ActionScript 代码。

如果了解 ActionScript 如何工作，在 Flash CS5 中就可以完成更多的任务，在使用应用程序时感到自信。

如果使用过脚本编程语言，Flash CS5 的"帮助"菜单中包含的文档提供了用户熟练使用 ActionScript 所需要的额外指南。对于脚本编程初学者并且想学习 ActionScript，"帮助"菜单是一个不错的指南。

6.2.2　本编程术语

ActionScript 3.0 中的术语跟 ActionScript 2.0 的术语含义是相同的。ActionScript 3.0 只不过在 ActionScript 2.0 的基础上进行了扩展而已。下面对一些频繁出现的 ActionScript 术语进行介绍。

1. 变量

变量是一种特定的数据，在创建或声明变量时分配一种数据类型，以确定变量的数据类型。

变量名必须是唯一的，并且有大小写之分。变量名只能包含数字、字母和下划线，不能以数字开头。实例的命名规则与变量的命名规则相同(事实上，变量和实例在概念上是相同的)。

2. 关键字

在 ActionScript 中，关键字(Keyword)是系统提供的保留字。例如，Var 是用于创建变量的关键字。用户可以在 Flash CS5 "帮助"中找到关键字的完整列表。由于这些单词是保留的，因此不能把它们用作变量名或者以其他方式使用它们。

ActionScript 中的关键字是用来执行特定任务的。在【动作】面板中输入 ActionScript 代码时，关键字将变成不同的颜色，以方便用户识别该单词是否是 Flash 保留字。

3. 参数

参数是为特定命令提供具体的详细信息的，是代码行中的圆括号"()"间的值。例如，在代码"gotoAndStop(2)"中，参数指示脚本转到第 2 帧并停止。

4. 函数

函数(Function)是指按名称引用的一组语句。有了函数，用户在运行相同的语句集时，就不必重复输入，直接应用即可。

5. 对象

在 ActionScript 3.0 中引用了对象的概念，它是一种抽象的数据类型，主要用来帮助用户完成某些特定的任务。例如：Sound 对象主要用来控制声音；Date 主要用来操纵与时间相关的数据。

6. 方法

方法是指用来控制某个动作发生的关键字。方法是 ActionScript 中的"实干家"，每一类对象都有自己的方法集。在 ActionScript 中，要学习的大部分内容都是用于每一类对象的方法。例如，MovieClip 对象关联的两个方法是：stop()和 gotoAndPlay()。

7. 属性

属性主要用来描述对象。例如，影片剪辑的属性主要包括高度和宽度、x 坐标和 y 坐标以及缩放比率。在属性中有些属性可以修改，也有一些属性只能读取。也就是说，只能读取的属性只能用于描述对象。

6.2.3　脚本编程语法

对于一个 Flash CS5 用户来说，不熟悉程序代码和脚本编程，ActionScript 代码可能难以理解。　如果了解了基本的语法，即语言的语法和标点符号，对 ActionScript 代码就很容易理解了。

(1) 代码行末尾的分号(semicolon)：主要用来告诉 ActionScript 到达了代码的末尾，并且将转到代码的下一行。

(2) 圆括号(parenthesis)：与英语中一样，每个开始圆括号都须有对应的封闭圆括号，对于方括号(braket)和花括号(curly bracket)也是如此。通常情况下，ActionScript 代码中的花括号将分隔在不同的行上，这使得更容易阅读花括号内的代码。

(3) 点(dot)运算符(.)：主要用于访问对象的属性和方法。可以把点视作分隔对象、方法和属性的方式。

(4) 在输入字符或者文件名时，都要使用引号(quotation mark)。

(5) "//"主要用来作单行注释的开始；"/*"主要用来作多行注释的开始，"*/"主要用来作多行注释的结束。

(6) 在 ActionScript 中，以蓝色显示的单词主要用来表示特定含义(如关键字和语句)，以黑色显示的单词表示 ActionScript 的保留单词，以绿色显示的表示为字符串，以灰色显示的表示 ActionScript 中忽略的注释。

(7) 在【动作】面板中工作时，Flash CS5 可以检测到你正在输入的动作，并且显示提示代码。有两种提示代码：工具提示和弹出式菜单提示。工具提示包含针对动作的完整语法，弹出式菜单提示列出了可能的 ActionScript 元素。

(8) 如果要检查编写脚本的语法，可以单击 ✔ (语法检查)按钮。语法错误将列出在【编译器错误】面板中。也可以单击 ≣ (自动套用格式)按钮。

6.2.4 脚本编程工具

所有代码的输入和编辑都要在【动作】面板中完成，【动作】面板的打开主要有以下两种方式。

(1) 在影片剪辑元件或按钮元件上右击，在弹出的快捷菜单中单击 动作 命令，弹出【动作】面板。

(2) 在【时间轴】面板的帧上单击鼠标右键，弹出快捷菜单，在弹出的快捷菜单中单击 动作 命令。弹出【动作】面板。【动作】面板如图 6.2 所示。

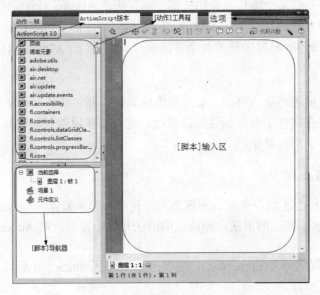

图 6.2

【动作】面板分为多个窗口。在左上角是【动作】工具箱，其中列出了多个类别，包含了所有的 ActionScript 代码。【动作】工具箱的顶部是一个下拉菜单，它只显示用于所选 ActionScript 版本的代码。

【动作】面板的右上方是【脚本】输入区，主要用来输入和编辑 ActionScript 代码。

【动作】面板的左下方是【脚本】导航器，主要用来查找特定的代码段。ActionScript 代码存放在【时间轴】中的关键帧上，因此，如果用户有许多代码分散在不同的【时间轴】上或不同的关键帧中，那么【脚本】导航器就有助于用户快速找到。

【动作】面板中的窗口大小都可以调整，以便适合自己的工作风格，可以将它们折叠起来，也可以最大化正在工作的窗口。窗口大小的调整，只要将鼠标放在水平或垂直分隔线上，按住鼠标左键不放进行移动即可。

6.3　案　例　演　示

6.3.1　案例一：视频播放控制

一、案例效果预览

案例效果见本书提供的"第 6 章 Flash CS5 综合制作/视频播放控制.swf"文件。通过预览了解本案例的最终效果。本案例主要使用 Adobe Media Encoder CS5 视频格式转换应用程序和 Flash CS5 中的视频导入设置来制作视频播放控制效果。通过该案例的学习，使学生熟练掌握视频文件格式的转换和导入设置。

二、本案例画面效果及制作步骤(流程)分析

案例画面效果如下：

案例制作的大致步骤：

三、详细操作步骤

1. 转换视频格式

在使用各种视频格式的文件时，建议读者使用 Adobe Media Encoder CS5(Flash Professional CS5 附带的一种独立应用程序)将各种视频格式转换为 FLV 或 F4V 格式。Adobe Media Encoder CS5 可以将一个或多个不同的视频进行转换，从而使工作流程更加简单。

步骤 1：单击 → ![Adobe Media Encoder CS5] 命令即可启动 Adobe Media Encoder CS5 应用程序。工作界面如图 6.3 所示。

步骤 2：单击 Adobe Media Encoder 工作界面中的 ![添加] 按钮，弹出【打开】对话框，在【打开】对话框中选择如图 6.4 所示的视频素材。

步骤 3：单击 ![打开(0)] 按钮，即可将选择的视频文件导入到 Adobe Media Encoder 工作界

面中，如图 6.5 所示。

步骤 4： 在 Adobe Media Encoder 工作界面中单击 编辑(E) → 首选项... 命令，弹出【首选项】对话框，具体设置如图 6.6 所示。

步骤 5： 设置完毕单击 确定 按钮，返回 Adobe Media Encoder 工作界面。

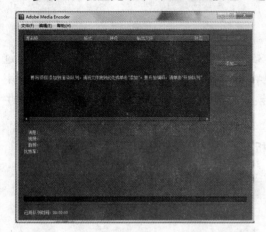

图 6.3

图 6.4

图 6.5

图 6.6

步骤 6： 在 Adobe Media Encoder 工作界面中单击 格式 下方的 ▼ 按钮，弹出下拉菜单，在弹出的下拉菜单中选择 FLV | F4V 项(用户可以根据自己的需要选择想要转换的视频格式)。

步骤 7： 在 Adobe Media Encoder 工作界面中单击 预设 下方的 ▼ 按钮，弹出下拉菜单，在弹出的下拉菜单中选择 FLV - Web Large , PAL 源 (Flash 8 和更高版本) 项(用户可以根据自己的需要选择视频的编码制式)。

步骤 8： 在 Adobe Media Encoder 工作界面中单击 开始队列 按钮，开始对视频进行转换，如图 6.7 所示。

步骤 9： 视频转换完之后，单击 × 按钮，关闭 Adobe Media Encoder 应用程序。

图 6.7

2. 导入转换之后的视频文件制作视频播放控制效果

步骤 1：启动 Flash CS5 应用程序，新建一个名为"视频播放控制.fla"文件。

步骤 2：单选"图层 1"的第 1 帧，单击菜单中的 文件(F) → 导入(I) → 导入视频... 命令，弹出【导入视频】对话框，如图 6.8 所示。

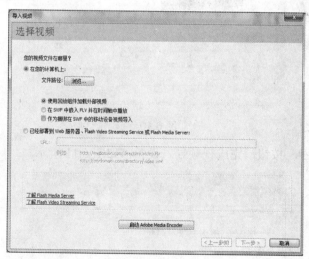

图 6.8

步骤 3：单击【导入视频】对话框中的 浏览... 按钮，弹出【打开】对话框，选择前面转换好的视频，如图 6.9 所示。

步骤 4：单击 打开(O) 按钮，返回【导入视频】对话框。

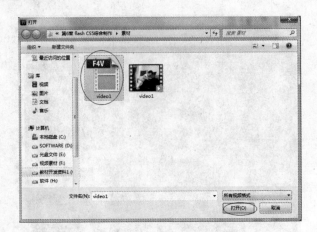

图 6.9

步骤 5：单击 下一步> 按钮，具体设置如图 6.10 所示。

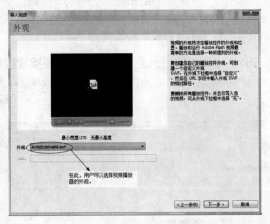

图 6.10

步骤 6：单击 下一步> 按钮，完成视频导入设置，如图 6.11 所示。

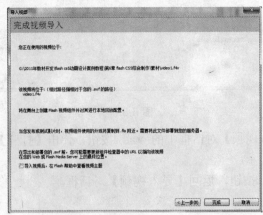

图 6.11

步骤 7：单击 完成 按钮，开始导入，在舞台中的效果如图 6.12 所示。

步骤 8：单击菜单栏中的 控制(O) → 测试影片(T) → 测试(T) 命令，效果如图 6.13 所示。

图 612　　　　　　　　　　　　　　　　　　图 6.13

四、举一反三

使用前面所学知识绘制如下所示的图形，完整效果请观看"第 6 章 Flash CS5 综合制作/视频播放控制练习.swf"文件。

6.3.2　案例二：选择填空

一、案例效果预览

案例效果见本书提供的"第 6 章 Flash CS5 综合制作/选择填空.swf"文件。通过预览了解本案例的最终效果。本案例主要使用文字工具、添加组件、修改组件属性和添加脚本语言来制作选择填空效果。通过该案例的学习，使学生熟练掌握组件的添加和组件属性的修改。

二、本案例画面效果及制作步骤(流程)分析

案例画面效果如下：

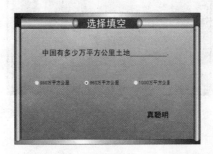

案例制作的大致步骤：

三、详细操作步骤

1. 制作"底板"图形元件

步骤 1：运行 Flash CS5，新建一个名为"选择填空.fla"的文件。

步骤 2：单击插入(I)→新建元件(N)... Ctrl+F8 命令，弹出【创建新元件】对话框，具体设置如图 6.14 所示，并单击 确定 按钮。

步骤 3：利用工具箱中的＼(线条)工具、□(矩形)工具、○(椭圆)工具绘制如图 6.15 所示的图形。

步骤 4：利用工具箱中的◇(颜料桶)工具和【颜色】浮动面板对绘制的图形进行填充，效果如图 6.16 所示。

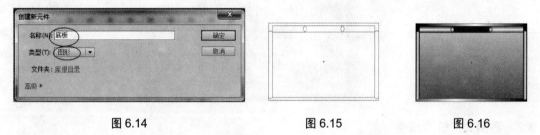

| 图 6.14 | 图 6.15 | 图 6.16 |

步骤 5：单击时间轴左上角的 场景 按钮，返回场景。

2. 添加组件和代码

步骤 1：将"底板"图形元件拖到舞台中，利用**T**(文字)工具在舞台中输入文字，如图 6.17 所示。

图 6.17

步骤 2：利用 T(文字)工具在舞台中拖出一个动态文本框，属性设置为如图 6.18 所示。

步骤 3：单击 窗口(W) → 组件(C) 命令，弹出【组件】面板，选择如图 6.19 所示的组件，将其拖动 3 次到舞台中，效果如图 6.20 所示。

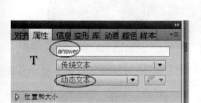

图 6.18　　　　　　　　　　图 6.19　　　　　　　　　　图 6.20

步骤 4：修改 3 个组件的参数，从左到右如图 6.21～图 6.23 所示。

图 6.21　　　　　　　　　　图 6.22　　　　　　　　　　图 6.23

步骤 5：舞台效果如图 6.24 所示。

步骤 6：利用前面所学知识插入一个图层，图层名为"图层 2"。在"图层 2"的第 1 帧处右击，弹出快捷菜单，在快捷菜单中单击 动作 命令，弹出【动作】脚本对话框，在对话框中输入如图 6.25 所示的代码。

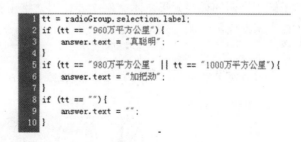

图 6.24　　　　　　　　　　　　　　　图 6.25

步骤 7：在"图层 2"的第 2 帧处，插入关键帧，在"图层 2"的第 2 帧处右击，在弹出的快捷菜单中单击 动作 命令，弹出【动作】脚本对话框，在对话框中输入如图 6.26 所示的代码。

步骤 8：利用前面所学知识，在"图层 1"的第 2 帧处插入一个普通帧。

步骤 9：测试动画效果，如图 6.27 所示。完整演示效果请观看从网上下载的素材第 6 章的"选择填空.swf"Flash 文件。

```
1 gotoAndPlay(1);
```

图 6.26

图 6.27

四、举一反三

使用前面所学知识绘制如下所示的图形，完整效果请观看"第 6 章 Flash CS5 综合制作/选择填空练习.swf"文件。

6.3.3 案例三：测试题目

一、案例效果预览

案例效果见本书提供的"第 6 章 Flash CS5 综合制作/测试题目.swf"文件。通过预览了解本案例的最终效果。本案例主要使用文字工具、添加组件、修改组件属性和添加脚本语言来制作测试题目效果。通过该案例的学习，使学生熟练掌握组件的添加和组件属性的修改。

二、本案例画面效果及制作步骤(流程)分析

案例画面效果如下：

案例制作的大致步骤：

三、详细操作步骤

1. 制作"底板"图形元件

步骤 1：运行 Flash CS5，新建一个名为"测试题目.fla"的文件。

步骤 2：单击 插入(I) → 新建元件(N)... Ctrl+F8 命令，弹出【创建新元件】对话框，具体设置如图 6.28 所示，单击 确定 按钮。

步骤 3：利用工具箱中的 ＼(线条)工具、□(矩形)工具、○(椭圆)工具绘制如图 6.29 所示的图形。

步骤 4：利用工具箱中的 ◇(颜料桶)工具和【颜色】浮动面板对绘制的图形进行填充，效果如图 6.30 所示。

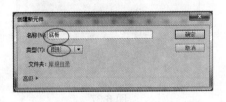

图 6.28

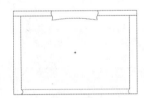

图 6.29

图 6.30

步骤 5：单击时间轴左上角的 ⇐场景 按钮，返回场景。

2. 添加组件和修改组件属性

步骤 1：将"底板"图形元件拖到舞台中，再利用 **T**(文字)工具在舞台中输入文字，如图 6.31 所示。

图 6.31

步骤 2：利用前面所学知识插入两个图层，分别为"图层 2"、"图层 3"，选中"图层 2"。

步骤 3：单击 窗口(W) → 组件(C) 命令，弹出【组件】对话框，选择如图 6.32 所示的组件，将其拖动 3 次到舞台中，舞台效果如图 6.33 所示。

步骤 4：修改 3 个组件的参数，从上到下如图 6.34～图 6.37 所示。画面效果如图 6.37 所示。

图 6.32

图 6.33

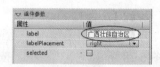

图 6.34

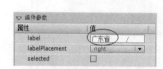

图 6.35

图 6.36

图 6.37

步骤 5：选中"图层 2"，单击 窗口(W) → 组件(C) 命令，弹出【组件】对话框，选择如图 6.38 所示的组件，将其拖动到舞台中，并设置组件属性，如图 6.39 所示。

图 6.38

图 6.39

步骤 6：利用文字工具在舞台中拖出一个动态文本框，其属性设置如图 6.40 所示，在舞台中的位置如图 6.41 所示。

3. 添加脚本代码

步骤 1：选中"图层 3"的第 1 帧，打开【动作】脚本对话框，在脚本对话框中输入如图 6.42 所示的代码。

```
1  function onclick() {
2      if (gx.selected == true) {
3          answer = "正确";
4      } else {
5          answer = "错误";
6      }
7  }
8  function onclick1() {
9      gd.selected = false;
10     hn.selected = false;
11     answer = "";
12 }
13 function onclick2() {
14     gx.selected = false;
15     hn.selected = false;
16     answer = "";
17 }
18 function onclick3() {
19     gx.selected = false;
20     gd.selected = false;
21     answer = "";
22 }
```

图 6.40　　　　　　　　　图 6.41　　　　　　　　　图 6.42

步骤 2：分别对拖入到舞台中的 4 个组件输入动作代码，从上到下分别输入如图 6.43～图 6.46 所示的代码。

```
1  on(click){
2      _root.onclick1();
3  }
```

```
1  on(click){
2      _root.onclick2();
3  }
```

```
1  on(click){
2      _root.onclick3();
3  }
```

```
1  on(click){
2      _root.onclick();
3  }
```

图 6.43　　　　　　图 6.44　　　　　　图 6.45　　　　　　图 6.46

步骤 3：测试效果如图 6.47 所示。完整动画演示效果请观看从网上下载的素材第 6 章的"测试题目.swf"Flash 文件。

图 6.47

四、举一反三

使用前面所学知识绘制如下所示的图形，完整效果请观看"第 6 章 Flash CS5 综合制作/测试题目练习.swf"文件。

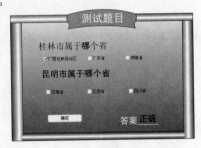

6.3.4　案例四：综合试题测试

一、案例效果预览

案例效果见本书提供的"第6章 Flash CS5 综合制作/综合试题测试.swf"文件。通过预览了解本案例的最终效果。本案例主要使用文字工具、添加组件、、导入图片、修改组件属性和添加脚本语言来制作综合试题测试效果。通过该案例的学习，使学生巩固组件的添加和组件属性的修改。

二、本案例画面效果及制作步骤(流程)分析

案例画面效果如下：

案例制作的大致步骤：

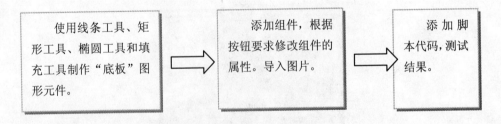

三、详细操作步骤

1. 制作"底板"图形元件

步骤1：运行 Flash CS5，新建一个名为"综合试题测试.fla"的文件。

步骤2：单击 插入(I)→新建元件(N)... Ctrl+F8 命令，弹出【创建新元件】对话框，具体设置如图 6.48 所示，单击 ▢确定 按钮。

步骤 3：利用工具箱中的╲(线条)工具、▢(矩形)工具、◯(椭圆)工具绘制如图 6.49 所示的图形。

步骤 4：利用工具箱中的◇(颜料桶)工具和【颜色】浮动面板对绘制的图形进行填充，效果如图 6.50 所示。

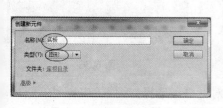
图 6.48

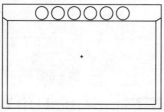
图 6.49

图 6.50

步骤 5：单击时间轴左上角的 ▢场景 按钮，返回场景。

2. 输入文本并设置文字属性

步骤 1：将"底板"图形元件拖到舞台中，再利用 T(文字)工具在舞台中输入文字，如图 6.51 所示。

步骤 2：单击 T(文字)工具，在舞台中拖出一个动态文本框，位置、大小如图 6.52 所示，动态文字的【属性】面板设置如图 6.53 所示。

图 6.51

图 6.52

图 6.53

3. 添加组件和修改组件属性

步骤 1：单击 窗口(W) → 组件(C) 命令，弹出【组件】对话框，选择如图 6.54 所示的组件，将其拖动到舞台中，设置组件属性为如图 6.55 所示。

步骤 2：在第 3 帧处右击，在弹出的快捷菜单中单击 插入帧 命令，此时在第 3 帧处插入了一个普通帧。

步骤 3：利用前面所学知识，插入两个图层，分别为"图层 1"、"图层 2"。

步骤 4：在"图层 2"的第 2 帧处插入一个关键帧，输入如图 6.56 所示的文字。

图 6.54   图 6.55   图 6.56

步骤 5：单击 窗口(W)→ 组件(C) 命令，弹出【组件】对话框，选择如图 6.57 所示的组件，将两个相同的组件拖动到"图层 2"第 2 帧的舞台中，组件【属性】面板的设置从左到右如图 6.58～图 6.59 所示。

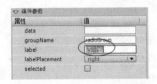

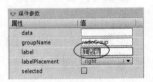

图 6.57   图 6.58   图 6.59

4. 添加图片并将图片转换为元件

步骤 1：利用前面所学知识，导入如图 6.60 所示的图片。

步骤 2：单击 插入(I)→ 新建元件(N)... Ctrl+F8 命令，弹出【创建新元件】对话框，具体设置如图 6.61 所示，并单击 确定 按钮。

步骤 3：将导入的图片拖到工作区，图片放在中心点的左下角。

步骤 4：单击时间轴左上角的 场景 按钮，返回场景。

步骤 5：在库中的"image"影片剪辑元件上右击，在弹出的快捷菜单中单击 链接... 命令，弹出【链接属性】对话框，设置如图 6.62 所示，单击 确定 按钮。

步骤 6：在"图层 2"的第 3 帧处插入一个关键帧，并选中该帧，然后将不需要的元件删除。

图 6.60   图 6.61   图 6.62

5. 添加图片并将图片转换为元件

步骤 1：单击 窗口(W) → 组件(C) 命令，弹出【组件】对话框，选择如图 6.63 所示的组件，将其拖到舞台中，调整好位置、大小，如图 6.64 所示。【属性】面板的设置如图 6.65 所示。

图 6.63　　　　　　　　　图 6.64　　　　　　　　　图 6.65

步骤 2：利用 T (文字)工具在"图层 2"第 2 帧的舞台上输入如图 6.66 所示的文字。

步骤 3：选择 窗口(W) → 组件(C) 命令，弹出【组件】对话框，选择如图 6.67 所示的组件，拖两个相同的组件到"图层 2"第 3 帧的舞台中，组件【属性】面板的设置从左到右如图 6.68 与图 6.69 所示。

图 6.66　　　　　　　　　　　　　　图 6.67

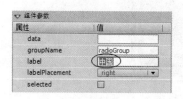

图 6.68　　　　　　　　　　　　　图 6.69

6. 插入关键帧并添加代码

步骤 1：分别在"图层 3"的第 1、第 2、第 3 帧各插入一个关键帧。第 1 个关键帧的动作代码如图 6.70 所示，第 2 个关键帧的动作代码如图 6.71 所示，第 3 个关键帧的动作代码如图 6.72 所示。

步骤 2：最终测试效果如图 6.73 所示。完整动画演示请观看从网上下载的素材第 6 章的"综合试题测试.swf" Flash 文件。

```
1  stop();
2  answer.text = "";
3  lo = new Object();
4  lo.change = function(evt){
5      if (evt.target.text == "历史"){
6          gotoAndStop(2);
7      } else if (evt.target.text == "动漫"){
8          gotoAndStop(3);
9      }else {
10         gotoAndStop(1);
11     }
12 }
13 sel.addEventListener("change", lo);
```

图 6.70

```
1  answer.text = "";
2  form = new Object();
3  form.click = function(evt){
4      if (evt.target.selection.label == "四川省"){
5          answer.text = "正确";
6      }
7      if (evt.target.selection.label == "江西省"){
8          answer.text = "错误";
9      }
10 }
11 radioGroup.addEventListener("click", form);
```

图 6.71

```
1  answer.text = "";
2  form = new Object();
3  form.click = function(evt){
4      if (evt.target.selection.label == "日本"){
5          answer.text = "正确";
6      }
7      if (evt.target.selection.label == "中国"){
8          answer.text = "错误";
9      }
10 }
11 radioGroup.addEventListener("click", form);
```

图 6.72

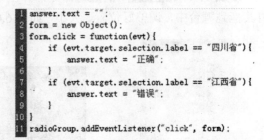

图 6.73

四、举一反三

使用前面所学知识绘制如下所示的图形，完整效果请观看"第 6 章 Flash CS5 综合制作/综合试题测试练习.swf"文件。

6.3.5 案例五：系统登录界面

一、案例效果预览

案例效果见本书提供的"第 6 章 Flash CS5 综合制作/系统登录界面.swf"文件。通过预览了解本案例的最终效果。本案例主要使用文字工具、文字属性设置、导入图片、创建元件、修改元件属性和添加脚本语言来制作系统登录界面效果。通过该案例的学习，使学生熟练掌握系统登录界面的制作原理、方法和技巧。

二、本案例画面效果及制作步骤(流程)分析

案例画面效果如下：

案例制作的大致步骤：

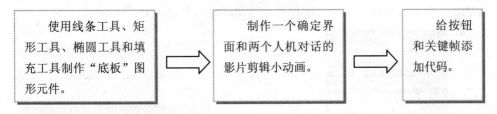

三、详细操作步骤

1. 制作"底板"图形元件

步骤 1：运行 Flash CS5，新建一个名为"系统登录界面.fla"的文件。

步骤 2：单击 插入(I) → 新建元件(N)... Ctrl+F8 命令，弹出【创建新元件】对话框，具体设置如图 6.74 所示，并单击 确定 按钮。

步骤 3：利用工具箱中的 ＼(线条)工具、□(矩形)工具、○(椭圆)工具绘制如图 6.75 所示的图形。

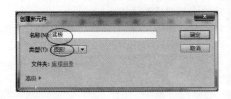

图 6.74

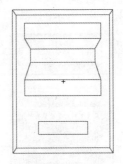

图 6.75

步骤 4：利用工具箱中的 ◇(颜料桶)工具和【颜色】浮动面板对绘制的图形进行填充，利用 ▣(填充变形)工具对填充进行调整，效果如图 6.76 所示。

步骤 5：利用 Ｔ(文字)工具输入文字，调整好文字的大小和颜色，效果如图 6.77 所示。

图 6.76

图 6.77

2. 制作按钮和影片剪辑元件

步骤 1：利用前面所学知识，制作一个如图 6.78 所示的按钮。

步骤 2：利用前面所学知识，制作两个简单动画，如图 6.79 所示。

图 6.78

图 6.79

3. 添加动作脚本代码

步骤 1：将"库"中的"底板"图形元件和"按钮"元件拖到舞台中，位置如图 6.80 所示。

步骤 2：在按钮上右击，在弹出的快捷菜单中单击 动作 命令，弹出【动作】脚本对话框，输入如图 6.81 所示的代码。

图 6.80

图 6.81

步骤 3：在图层的第 2 帧、第 3 帧处分别插入关键帧，在第 2 个关键帧处拖入"欢迎登录本系统"影片剪辑。在第 3 个关键帧处拖入"无法登录系统"影片剪辑。

步骤 4：给第 1 帧、第 2 帧、第 3 帧分别输入如图 6.82～图 6.84 所示的代码。

```
1 stop();
2 var times=5;
```

```
1 stop();
2
```

```
1 stop();
```

图 6.82　　　　　　　图 6.83　　　　　　　图 6.84

步骤 5：选中第 1 帧，在舞台中建立两个输入文本框，位置、大小如图 6.85 所示，从上到下两个文本框的属性设置如图 6.86 与图 6.87 所示。

步骤 6：测试效果如图 6.88 所示，完整动画演示效果请观看从网上下载的素材第 6 章的"系统登录界面.swf"Flash 文件。

图 6.85

图 6.86

图 6.87

图 6.88

四、举一反三

使用前面所学知识绘制如下所示的图形，完整效果请观看"第 6 章 Flash CS5 综合制作/系统登录界面练习.swf"文件。

6.3.6 案例六：360°全景图

一、案例效果预览

案例效果见本书提供的"第 6 章 Flash CS5 综合制作/360°全景图.swf"文件。通过预览了解本案例的最终效果。本案例主要使用文字工具、文字属性设置、椭圆工具、导入图片、创建元件、修改元件属性和添加脚本语言来制作 360°全景图效果。通过该案例的学习，使学生熟练掌握 360°全景图效果制作原理、方法和技巧。

二、本案例画面效果及制作步骤(流程)分析

案例画面效果如下：

案例制作的大致步骤：

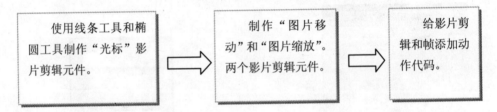

三、详细操作步骤

1. 制作"光标"影片剪辑元件

步骤 1：运行 Flash CS5，新建一个名为"360°全景图.fla"的文件。

步骤 2：单击 插入(I)→ 新建元件(N)... Ctrl+F8 命令，弹出【创建新元件】对话框，具体设置如图 6.89 所示，单击 确定 按钮。

步骤 3：利用工具箱中的 ＼(线条)工具、○(椭圆)工具绘制如图 6.90 所示的图形。

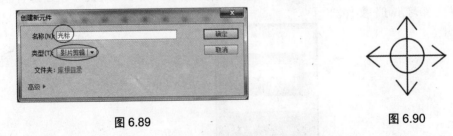

图 6.89　　　　　　　　　　　　　　　　　图 6.90

步骤 4：单击时间轴左上角的 场景 按钮，返回场景。

2. 制作"图片移动"影片剪辑元件

步骤 1：单击 插入(I) → 新建元件(N)... Ctrl+F8 命令，弹出【创建新元件】对话框，具体设置如图 6.91 所示，单击 确定 按钮。

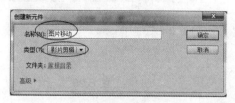

图 6.91

步骤 2：利用前面所学知识，导入一张图片。

步骤 3：将导入的图片拖到"图片移动"影片剪辑工作区。位置居中，如图 6.92 所示。

图 6.92

步骤 4：单击时间轴左上角的 场景 按钮，返回场景。

3. 制作"图片缩放"影片剪辑元件

步骤 1：单击 插入(I) → 新建元件(N)... Ctrl+F8 命令，弹出【创建新元件】对话框，具体设置如图 6.93 所示，单击 确定 按钮。

步骤 2：将"库"中的"图片移动"影片剪辑元件拖到工作区中央，设置元件【属性】面板如图 6.94 所示。

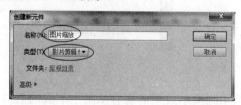

图 6.93　　　　　　　　　　图 6.94

步骤 3：单击时间轴左上角的 场景 按钮，返回场景。

4. 将制作好的元件拖到舞台中并添加动作脚本代码

步骤 1：新建两个图层并重命名，如图 6.95 所示。

步骤 2：将"库"中的"图片缩放"影片剪辑拖到"图片"图层的舞台中央。【属性】面板的设置如图 6.96 所示。

步骤 3：选中"标志"图层，在舞台中央利用线条工具，在中央位置绘制如图 6.97 所示的"+"标志。

图 6.95   图 6.96   图 6.97

步骤 4：选中"光标"图层，将"库"中的"光标"影片剪辑元件拖到舞台中央，【属性】面板的设置如图 6.98 所示。

步骤 5：在"光标"层的第 1 帧处，添加如图 6.99 所示的动作脚本。

步骤 6：选中"图片"图层中的"图片缩放"影片剪辑，为该影片剪辑添加如图 6.100 所示的动作脚本。

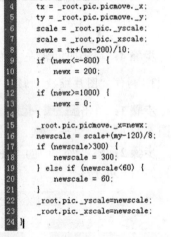

```
1  onClipEvent (enterFrame) {
2      mx = _root._xmouse;
3      my = _root._ymouse;
4      tx = _root.pic.picmove._x;
5      ty = _root.pic.picmove._y;
6      scale = _root.pic._yscale;
7      scale = _root.pic._xscale;
8      newx = tx+(mx-200)/10;
9      if (newx<=-800) {
10         newx = 200;
11     }
12     if (newx>=1000) {
13         newx = 0;
14     }
15     _root.pic.picmove._x=newx;
16     newscale = scale+(my-120)/8;
17     if (newscale>300) {
18         newscale = 300;
19     } else if (newscale<60) {
20         newscale = 60;
21     }
22     _root.pic._yscale=newscale;
23     _root.pic._xscale=newscale;
24 }
```

```
1  startDrag(_root.icon,true);
2  Mouse.hide();
```

图 6.98   图 6.99   图 6.100

步骤 7：测试动画效果如图 6.101 所示。完整动画演示效果请观看从网上下载的素材第 6 章的"360°全景图.swf"Flash 文件。

图 6.101

四、举一反三

使用前面所学知识绘制如下所示的图形，完整效果请观看"第 6 章 Flash CS5 综合制作/360°全景图练习.swf"文件。

6.3.7　案例七：看图识标题

一、案例效果预览

案例效果见本书提供的"第 6 章 Flash CS5 综合制作/看图识标题.swf"文件。通过预览了解本案例的最终效果。本案例主要使用图片导入、分离、创建属性、修改元件属性、添加动作脚本、矩形工具、椭圆工具、线条工具来制作看图识标题效果。通过该案例的学习，使学生熟练掌握看图识标题的制作原理、方法和技巧。

二、本案例画面效果及制作步骤(流程)分析

案例画面效果如下：

案例制作的大致步骤：

使用线条工具、椭圆工具、填充工具等制作"底板"图形元件。	⟹	导入图片并将导入的图片制作成按钮。
给按钮添加动作代码。	⟸	将制作好的按钮和影片剪辑拖到舞台中并设置属性。

三、详细操作步骤

1. 制作"底板"图形元件

步骤 1： 运行 Flash CS5，新建一个名为"看图识标题.fla"的文件。

步骤 2： 单击 插入(I)→ 新建元件(N)... Ctrl+F8 命令，弹出【创建新元件】对话框，具体设置如图 6.102 所示，并单击 确定 按钮。

步骤 3： 利用工具箱中的 ＼(线条)工具、◯(椭圆)工具绘制如图 6.103 所示的图形。

图 6.102   图 6.103

步骤 4： 利用工具箱中的 ⬤(颜料桶)工具和【颜色】浮动面板对绘制的图形进行填充，利用 ⬛(填充变形)工具对填充进行调整，效果如图 6.104 所示。

步骤 5： 单击工具箱中的 T(文字)工具，输入文字，文字的大小、字体、位置、颜色如图 6.105 所示。

图 6.104   图 6.105

步骤 6： 单击时间轴左上角的 场景 按钮，返回场景。

2. 导入图片并将导入的图片制作成按钮

步骤 1： 利用前面所学知识，将图片导入"库"中，如图 6.106 所示。

步骤 2： 利用前面所学知识，为导入的 5 张图片分别创建 5 个按钮，如图 6.107 所示。

步骤 3： 创建一个"背板"影片剪辑，如图 6.108 所示。

步骤 4： 利用前面所学知识，制作 6 个影片剪辑元件，将相应的按钮元件拖到影片剪辑中，如图 6.109 所示。

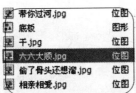

图 6.106

（右侧图）

图 6.107

图 6.108

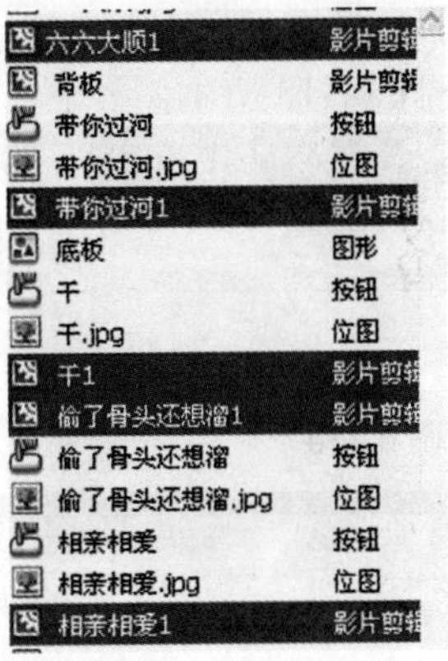

（右侧图）

图 6.109

3. 将制作好的按钮和影片剪辑拖到舞台中并设置属性

步骤 1：插入一个新图层并对其重命名，如图 6.110 所示。

步骤 2：将"库"中的"底板"图形元件拖到"背景"图层中。

步骤 3：将"库"中的 5 个"影片剪辑"元件拖到"元件"图层中，位置、大小如图 6.111 所示。

图 6.110

图 6.111

步骤 4：利用文字工具，在"背景"图层中输入如图 6.112 所示的文字。

步骤 5：将相应的影片剪辑元件与对应的标题位置放好，如图 6.113 所示。

 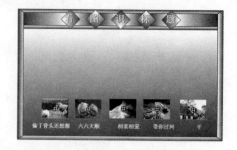

图 6.112　　　　　　　　　　　图 6.113

步骤 6：设置如图 6.114 所示的影片剪辑【属性】面板，其余设置从左到右分别为如图 6.115～图 6.118 所示。

图 6.114　　　　　　　　图 6.115　　　　　　　　图 6.116

图 6.117　　　　　　　　　　图 6.118

步骤 7：将"库"中的"背板"影片剪辑拖动 5 次到"背景"图层中，并调整它们的 Alpha 值为"50%"。设置它们的"背板"属性，从左到右的【属性】面板设置为如图 6.119～图 6.123 所示。

图 6.119　　　　　　　　图 6.120　　　　　　　　图 6.121

 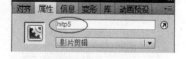

图 6.122　　　　　　　　　　图 6.123

4. 添加动作代码

步骤 1：单击 T(文字)工具，在舞台中拖出一个动态文本框，文本框的【属性】面板设置为如图 6.124 所示。

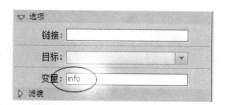

图 6.124

步骤 2：双击"元件"图层的"偷了骨头还想溜 1"影片剪辑，进入影片剪辑编辑状态，在"偷了骨头还想溜 1"影片剪辑上右击，弹出快捷菜单，在快捷菜单中单击 动作 命令，此时将弹出【动作】脚本对话框，输入如图 6.125 所示的代码。

步骤 3：方法同第 2 步，从左到右分别给相应的影片剪辑添加代码，如图 6.126～图 6.129 所示。

步骤 4：将"元件"图中的元件位置打乱，如图 6.130 所示。

```
1  on (press) {
2      _root.p1.startDrag();
3      x0 = getproperty(_root.hitp1,_x);
4      y0 = getproperty(_root.hitp1,_y);
5      x1=_root.p1._x;
6      y1=_root.p1._y;
7  }
8  on (release) {
9      _root.p1.stopDrag();
10     if (_root.p1.hitTest(x0,y0,0)) {
11         _root.p1._x=x0;
12         _root.p1._y=y0;
13         _root.info = "偷了骨头还想溜！";
14         _root.hitp1._visible=FALSE;
15     } else {
16         _root.p1._x=x1;
17         _root.p1._y=y1;
18         _root.info = "偷了骨头还想溜放置不合适！";
19     }
20 }
```

图 6.125

```
1  on (press) {
2      _root.p2.startDrag();
3      x0 = getproperty(_root.hitp2,_x);
4      y0 = getproperty(_root.hitp2,_y);
5      x1=_root.p2._x;
6      y1=_root.p2._y;
7  }
8  on (release) {
9      _root.p2.stopDrag();
10     if (_root.p2.hitTest(x0,y0,0)) {
11         _root.p2._x=x0;
12         _root.p2._y=y0;
13         _root.info = "六六大顺！";
14         _root.hitp2._visible=FALSE;
15     } else {
16         _root.p2._x=x1;
17         _root.p2._y=y1;
18         _root.info = "六六大顺放置不合适！";
19     }
20 }
```

图 6.126

```
1  on (press) {
2      _root.p3.startDrag();
3      x0 = getproperty(_root.hitp3,_x);
4      y0 = getproperty(_root.hitp3,_y);
5      x1=_root.p3._x;
6      y1=_root.p3._y;
7  }
8  on (release) {
9      _root.p3.stopDrag();
10     if (_root.p3.hitTest(x0,y0,0)) {
11         _root.p3._x=x0;
12         _root.p3._y=y0;
13         _root.info = "相亲相爱！";
14         _root.hitp3._visible=FALSE;
15     } else {
16         _root.p3._x=x1;
17         _root.p3._y=y1;
18         _root.info = "相亲相爱放置不合适！";
19     }
20 }
```

图 6.127

```
1  on (press) {
2      _root.p4.startDrag();
3      x0 = getproperty(_root.hitp4,_x);
4      y0 = getproperty(_root.hitp4,_y);
5      x1=_root.p4._x;
6      y1=_root.p4._y;
7  }
8  on (release) {
9      _root.p4.stopDrag();
10     if (_root.p4.hitTest(x0,y0,0)) {
11         _root.p4._x=x0;
12         _root.p4._y=y0;
13         _root.info = "带你过河！";
14         _root.hitp4._visible=FALSE;
15     } else {
16         _root.p4._x=x1;
17         _root.p4._y=y1;
18         _root.info = "带你过河放置不合适！";
19     }
20 }
```

图 6.128

```
1  on (press) {
2      _root.p5.startDrag();
3      x0 = getproperty(_root.hitp5,_x);
4      y0 = getproperty(_root.hitp5,_y);
5      x1=_root.p5._x;
6      y1=_root.p5._y;
7  }
8  on (release) {
9      _root.p5.stopDrag();
10     if (_root.p5.hitTest(x0,y0,0)) {
11         _root.p5._x=x0;
12         _root.p5._y=y0;
13         _root.info = "干!";
14         _root.hitp5._visible=FALSE;
15     } else {
16         _root.p5._x=x1;
17         _root.p5._y=y1;
18         _root.info = "干放置不合适!";
19     }
20 }
```

图 6.129

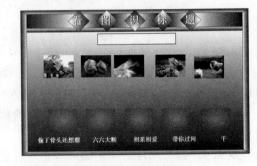

图 6.130

步骤 5: 测试效果如图 6.131 所示,完整动画测试请观看从网上下载的素材第 6 章的"看图识标题.swf" Flash 文件。

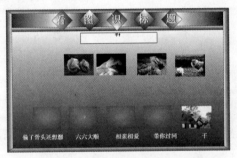

图 6.131

四、举一反三

使用前面所学知识绘制如下所示的图形,完整效果请观看"第 6 章 Flash CS5 综合制作/看图识标题练习.swf"文件。

参 考 文 献

[1] 栾蓉.Flash MX 设计与开发实训教程[M]. 北京：北京大学出版社，2005.

[2] 彭宗勤，孙利娟，徐景波.Flash 8.0 基础与实例教程(职业版)[M]. 北京：电子工业出版社，2006.

[3] 龙马工作室.Flash 8.0 中文版完全自学手册[M]. 北京：人民邮电出版社，2006.

[4] 马震.Flash 8.0 中文版应用案例创意与设计[M]. 北京：机械工业出版社，2007.

[5] Adobe 公司著. Adobe Flash CS5 中文版经典教程[M]. 陈宗斌，译. 北京：人民邮电出版社，2010.

[6] 数字艺术教育研究室. 中文版 Flash CS5 基础培训教程[M]. 北京：人民邮电出版社，2010.